Zaheed Hasan

Compreensão pública das alterações climáticas no Bangladesh urbano

Zaheed Hasan

Compreensão pública das alterações climáticas no Bangladesh urbano

Compreensão do público, nível de sensibilização e atitude em relação às alterações climáticas no Bangladesh urbano

ScienciaScripts

Imprint

Cover image: www.ingimage.com

This book is a translation from the original published under ISBN 978-3-8443-9689-8.

Publisher:
Sciencia Scripts
is a trademark of
Dodo Books Indian Ocean Ltd. and OmniScriptum S.R.L publishing group

120 High Road, East Finchley, London, N2 9ED, United Kingdom
Str. Armeneasca 28/1, office 1, Chisinau MD-2012, Republic of Moldova, Europe
Printed at: see last page
ISBN: 978-620-2-98991-6

Abstrato

As alterações climáticas são um problema complexo sem soluções científicas e políticas claras. É uma questão com grandes implicações políticas, económicas, socioculturais, psicológicas e éticas, que devem ser compreendidas pelos decisores políticos e pela sociedade em geral, a fim de responder eficazmente. O objectivo desta tese é examinar os determinantes e as dimensões da compreensão pública, resposta às alterações climáticas que poderiam ajudar a conceber estratégias eficazes de comunicação pública e políticas de mitigação viáveis. Este estudo utiliza uma abordagem metodológica mista para explorar uma variedade de influências potencialmente salientes sobre a percepção e a resposta comportamental às alterações climáticas. Foi utilizado um procedimento de amostragem aleatória propositada para seleccionar 172 amostras representativas da cidade de Dhaka, Bangladesh. Os resultados indicam que existe uma sólida consciência e apoio aos objectivos ambientais gerais a nível local; uma consciência e preocupação com as alterações climáticas, mas uma compreensão limitada das causas científicas, possíveis consequências e soluções para o problema; uma considerável percepção da ameaça das alterações climáticas, embora não seja uma questão de "queima-roupa" em comparação com outras questões socioeconómicas e ambientais. Esta tese tenta fazer algumas recomendações provisórias sobre como as percepções da comunidade sobre as alterações climáticas podem ser utilizadas pelos decisores políticos no Bangladesh.

Palavras-chave: Alterações climáticas, Sensibilização do público, Atitude, Aquecimento global

Tabela de Conteúdos

Lista de acrónimos

BBS	Bangladesh Bureau of Statistics
DCC	Dhaka City Corporation
GDP	Gross Domestic Product
GOB	Government of Bangladesh
IPCC	Inter Governmental Panel of Climate Change
MoEF	Ministry of Environment and Forest
NAPA	National Adaptation Program of Action
NGO	Non-Government Organization
Sl. No.	Serial Number
Tk.	Taka, Bangladeshi Currency
UMB	Norwegian University of Life Science
UN	United Nations
UNFCCC	United Nations Framework Convention on Climate Change
UNICEF	United Nations Children's Fund
USD	United States Dollar
Vol.	Volume
WB	World Bank

1. Introdução

As alterações climáticas foram reconhecidas como uma grande ameaça à sustentabilidade humana e ecológica que exige uma resposta global (Walther et al., 2002). O problema das alterações climáticas é, no entanto, complexo que até agora carece de soluções científicas e políticas claras. Por estas razões, os decisores políticos e os comunicadores enfrentam desafios para sensibilizar o público, para promover um comportamento adequado em relação às adaptações às alterações climáticas (Weingartet al., 2000).

De acordo com o relatório Global Climate Risk Index de 2010, elaborado pela Germanwatch, uma organização não governamental (ONG), o Bangladesh encabeça a lista de ameaças devido a eventos climáticos adversos (Harmeling, 2009). Oradores num seminário "Conferência de Copenhaga: Climate Change in Bangladesh and Our Expectation", organizado por Oxfam e "Nirapod Dharitri Andolan'na Universidade de Jahangirnagar, Dezembro de 2009, colocou a ênfase na consciência colectiva sobre as alterações climáticas, que é importante para a protecção e segurança do ambiente (Islamismo e Mohammad, 2009). O Bangladesh tem tido até agora um sucesso limitado no cumprimento da disposição estabelecida pela Convenção-Quadro das Nações Unidas sobre Alterações Climáticas (UNFCCC) sobre a sensibilização do público, formação e disseminação de informação para informar as comunidades sobre o impacto das alterações climáticas nos seus meios de subsistência. O "Plano de Acção Nacional de Adaptação 2009" do Governo revela que tem havido um envolvimento limitado com as comunidades vulneráveis no desenvolvimento da política (Rahman, 2009).

Por conseguinte, é importante que o Bangladesh tome consciência do problema e tome as medidas necessárias para salvaguardar o seu bem-estar económico, a subsistência do seu povo (MoEF, 2008). A sensibilização do público para o ambiente é vital. As pessoas que estão conscientes do impacto adverso das alterações climáticas são mais propensas a tomar iniciativas pessoais e a apoiar iniciativas governamentais, mesmo que isso exija alguns sacrifícios pessoais. A informação e a sensibilização são essenciais para a definição do problema, compreendendo a razão por detrás do problema, para formar atitudes ambientais adequadas (Bordet al., 1998). A informação sobre a percepção pública das alterações climáticas é importante para que os decisores políticos desenvolvam políticas e estratégias eficazes que possam ganhar a confiança e o apoio do público ou que seriam menos toleradas. Os cientistas precisam de saber como é provável que o público responda aos impactos das alterações climáticas ou inicie respostas às intensificações dos impactos.

Esta tese baseia-se num inquérito realizado durante o mês de Janeiro a Março de 2009 em quatro áreas diferentes da Dhaka City Corporation que é a capital do Bangladesh. O objectivo deste estudo é examinar os determinantes e as dimensões da compreensão e resposta do público às alterações climáticas, a fim de conceber estratégias de comunicação pública e políticas de mitigação mais eficazes.

Este estudo centrou-se nas seguintes questões de investigação:

- Quais são as dimensões da compreensão e da resposta comportamental do público às alterações climáticas?
- Qual é o alcance do entendimento público sobre as alterações climáticas em termos de causas, consequências e potenciais soluções?
- O que determina a compreensão das alterações climáticas e a resposta às mesmas?
- Quais eram as relações entre as extensões de compreensão e os níveis individuais de envolvimento?
- As extensões de compreensão aumentaram o envolvimento individual?
- Quais eram as crenças das pessoas sobre as causas das alterações climáticas?

A hipótese a ser testada neste estudo foi a seguinte:
A compreensão, consciência e atitude ambiental das pessoas depende do conhecimento, informação, experiências pessoais e expectativas de consequências negativas para si e para os outros.

A área de estudo da corporação da cidade de Dhaka foi seleccionada propositadamente. Há uma enorme afluência de população migratória de todo o Bangladesh para a área da corporação da cidade de Dhaka. Por vezes assume-se que a opinião da população da cidade de Dhaka representa em grande parte a opinião de todo o país (Banglapedia, 2009). Os dados foram recolhidos de 172 amostras de quatro partes diferentes da cidade de Dhaka. A análise de regressão logística binária e a análise da praça Chi foram utilizadas para explorar as relações entre as variáveis de resposta.

O primeiro capítulo fornece a introdução e a motivação do estudo. O quadro teórico e a revisão da literatura foram discutidos no capítulo dois. As informações de base da área de estudo foram apresentadas no capítulo três. O capítulo quatro apresenta os métodos utilizados para a recolha e análise de dados. O capítulo cinco é a discussão dos resultados. Finalmente, o capítulo seis é a conclusão a partir dos resultados e sugestões para investigação futura.

2. Enquadramento Teórico

2.1 Modelos comuns utilizados para explicar a atitude ambiental

Vários quadros teóricos foram desenvolvidos a partir de trabalho socio-psicológico para descrever comportamentos e atitudes das pessoas relativamente a questões ambientais (Patchen, 2006). Embora diferentes analistas desenvolvam diferentes medidas de atitude ambiental, apenas três foram amplamente utilizadas e a sua validade e fiabilidade avaliadas (Dunlap e Jones, 2003). Estes são a escala ecológica (Maloney and Ward, 1973), a escala das preocupações ambientais, e a nova escala do paradigma ambiental (Weigel, 1983). Estas escalas tentam examinar a atitude das pessoas em relação ao ambiente através de diferentes fenómenos tais como crenças, atitudes, educação, pensamentos, intenções, factores demográficos, preocupações sobre vários tópicos ambientais tais como poluição, catástrofe natural. Alguns investigadores apontaram semelhanças e compatibilidade de conceitos de diferentes modelos e defenderam a utilização de modelos abrangentes e integrados (Patchen, 2006).

2.2 Modelo utilizado neste estudo

Para este estudo, foi desenvolvido um quadro utilizando um amplo modelo teórico. O modelo inclui possíveis determinantes do comportamento das comunidades locais e mostra como estes determinantes se relacionam uns com os outros. A figura 1.1 representa o modelo. O modelo é desenvolvido com base no pressuposto de que a avaliação da situação pela pessoa (gravidade do problema ambiental, o seu efeito na geração presente e futura, etc.) é influenciada por diferentes características pessoais e influência social (Patchen, 2006).

A figura 1 mostra, factores pessoais incluem factores demográficos (idade, sexo e localização), conhecimentos, emoções, valores e normas. Os factores sociais incluem demografia, normas sociais, sistema de crenças, política, e exposição mediática. Por exemplo, o conhecimento e a experiência sobre o ambiente podem afectar a visão de uma pessoa sobre a gravidade do problema ambiental e as normas sociais podem influenciá-la a agir contra esse problema. A avaliação da situação pode também afectar directamente o comportamento. Por exemplo, uma pessoa que vive na zona costeira, exposta a eventos climáticos extremos, está muito mais preocupada e receosa da situação do que uma pessoa que não é muito afectada. Finalmente, a consciência e comportamento ambiental da pessoa é afectada por características pessoais, influências sociais, compreensão das situações. O objectivo do modelo não é testá-lo, mas este modelo é utilizado para desenvolver um questionário de investigação, para organizar os resultados da investigação e para ilustrar o nível de consciência de uma forma significativa.

Figura 1: Modelo dos factores que determinam a consciência e a atitude das pessoas em relação ao ambiente

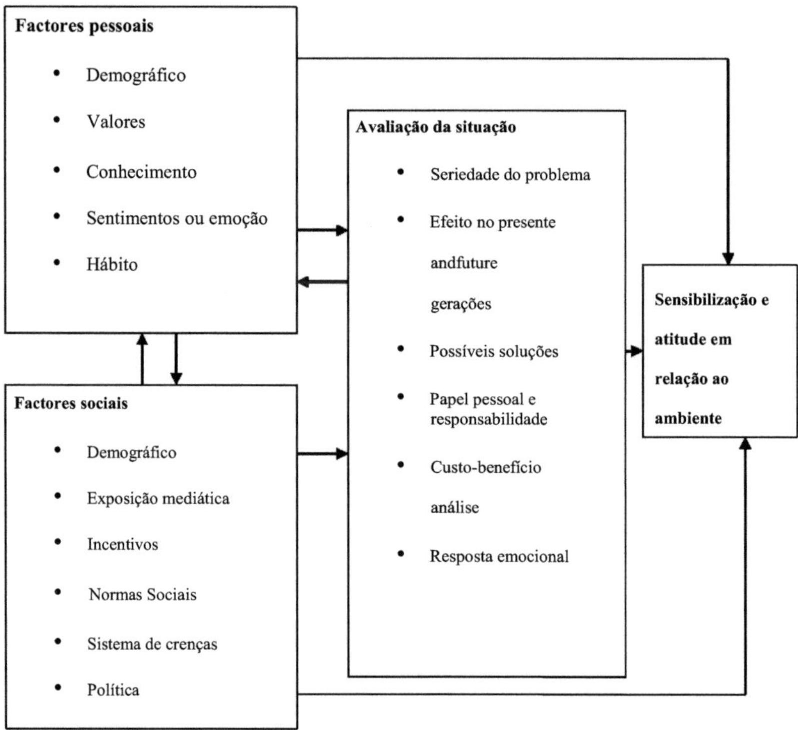

Adaptado de Patchen, 2006

3. Antecedentes do estudo

Há falta de dados de inquéritos sobre a opinião pública sobre as alterações climáticas nos países asiáticos, incluindo o Bangladesh (Kim, 2009). A investigação no Bangladesh sobre a percepção e compreensão do público sobre as alterações climáticas tem-se restringido em grande parte a dados quantitativos de inquéritos.

3.1 Nível de preocupação do público com as alterações climáticas

A preocupação pública sobre as alterações climáticas no Bangladesh é elevada. A maioria (85%) das pessoas pensa que as alterações climáticas são um problema muito grave; já estão a prejudicar o país. A maioria (67%) pensa que haveria um efeito adverso generalizado se o problema continuasse a não ser controlado (WB, 2009).

3.2 Crenças e atitudes em relação às alterações climáticas

Quase todos (99%) o Bangladesh pensa que o país tem a responsabilidade de tomar medidas para lidar com as alterações climáticas. 72% da população pensa que o governo não está a fazer o suficiente para enfrentar a questão. 70% das pessoas acreditam que existem consensos científicos suficientes de que as alterações climáticas são um problema urgente e de que se sabe o suficiente para tomar medidas. As pessoas apoiariam medidas para preservar ou expandir a floresta, financiamento para desenvolver culturas adequadas a climas mais severos (WB, 2009).

A maioria (87%) das pessoas pensa que se o país tomar medidas para combater as alterações climáticas, outros países estariam então mais dispostos a agir. Há um elevado apoio (98%) ao compromisso de reduzir as emissões e um forte sentido de responsabilidade no que diz respeito à vontade de tomar medidas para enfrentar as alterações climáticas, mesmo que não haja acordo internacional. Além disso, 67% das pessoas estão dispostas a pagar 0,5%-1% mais pela energia e outros produtos como parte da tomada de medidas contra as alterações climáticas (WB, 2009).

Ainda assim algumas pessoas no Bangladesh acreditam que as inundações, tornados e ciclones são um Acto de Deus e não podem/não devem fazer nada contra isso, por vezes são forçados a refugiar-se em abrigos (Schmuck,2000).

3.3 Incerteza científica, complexidades, discórdia na ciência das alterações climáticas

De acordo com Whitmarsh 2005, existem duas fontes principais de incerteza científica em relação às alterações climáticas; uma é a compreensão incompleta que os cientistas têm do processo global, que pode ser melhorada através de mais investigação; desenvolvimento de um modelo poderoso e preciso de alterações climáticas. Em segundo lugar, a incerteza surge da complexidade inerente, indeterminação do sistema climático terrestre. Alguns cientistas contestaram a conclusão básica do relatório do IPCC, que é a mudança climática resultante das actividades humanas. O relatório publicado pelo Harvard Smithsonian Centre mostra que o século XX não é o extremista (Baliunasand Soon, 2003). Além disso, há um debate sobre os métodos científicos dos modelos informáticos para prever as alterações climáticas; alguns consideraram-no parcialmente impreciso (Hansen et al., 1998), ou mesmo totalmente não fiável (Lindzen, 1997). Alguns cépticos argumentam que a ciência das alterações climáticas tem sido objecto de politização, má interpretação. Tornou-se um "grande negócio". Alguns cientistas utilizam as alterações climáticas para assegurar o financiamento e melhorar a reputação (Phillips, 2004).

3.4 Papel dos meios de comunicação social

Os meios de comunicação social têm desempenhado um papel na exposição da questão das alterações climáticas, definindo o seu significado social e construindo a opinião pública (Hannigan, 1995). A preocupação pública com uma questão específica também aumenta e diminui com a quantidade de cobertura mediática (Mazur e Lee, 1993).

Em certa medida, os meios de comunicação têm chamado a atenção do público para o debate científico e político sobre as alterações climáticas, relatando também provas virtuais da alteração dos padrões climáticos e dos seus impactos no ser humano e no ecossistema (Hossain, 2008). Ainda assim, os meios de comunicação social têm de desempenhar um papel mais activo para informar e mobilizar a opinião pública sobre as alterações climáticas, dando mais cobertura mediática (Udwala, 2007).

Os meios de comunicação social são frequentemente acusados de dramatizar o problema das alterações climáticas - intencional ou não intencionalmente. A apresentação dos meios de comunicação social da mudança climática como "controvérsia" pode influenciar a opinião pública sobre a realidade e gravidade desta questão, dúvida sobre a credibilidade das provas científicas e resposta política à mesma (Bibbings, 2004). Os resultados da investigação dos cientistas são muitas vezes difíceis de ler por um público leigo. Assim, o jornalista pode desempenhar um papel para simplificar as descobertas científicas e relatar o assunto de uma forma que represente uma tendência de equilíbrio de opiniões, e que seja mais fácil de compreender (Babul, 2009).

3.5 Alterações Climáticas e Bangladesh

O clima no Bangladesh está a tornar-se cada vez mais imprevisível e a frequência de eventos climáticos extremos é mais elevada do que anteriormente. O 4º Relatório do IPCC prevê que a pluviosidade das monções irá aumentar, resultando num maior fluxo durante a estação das monções nos rios que entram no Bangladesh provenientes da Índia, Nepal, Butão e China. É provável que a frequência e intensidade de eventos climáticos extremos como inundações, ciclones, e secas aumentem. De acordo com o Global Climate Risk Index Report 2010 publicado pela Germanwatch, uma ONG com sede na Alemanha, em Dezembro de 2009, o Bangladesh ocupa o primeiro lugar devido a uma catástrofe natural gravemente afectada que ceifa 8.241 vidas e danifica bens no valor médio de 2,8 milhões de dólares americanos por ano. De acordo com Germanwatch, enquanto preparavam este relatório, apenas consideraram o número de mortes. Há centenas de milhões de pessoas, que ainda estão vivas e a sofrer devido às alterações climáticas. Em média, 6,27 pessoas em cada 100.000 pessoas no Bangladesh perderam as suas vidas devido a calamidades naturais por ano na última década. Relatórios do IPCC 2009 afirmam que devido ao aumento do nível do mar, 20 milhões de pessoas serão deslocadas no Bangladesh até 2050. Uma investigação levada a cabo pelos jornalistas de um diário online do Bangladesh bdnews24.com, relatório de investigação publicado em 10 de Dezembro de 2009; descobriu que já existem algumas evidências de refugiados climáticos. Há uma deslocação maciça de milhares de pessoas da ilha de Kutubdia Parha, localizada na Baía de Bengala, para Coxes Bazar. Mais residentes estão a abandonar a ilha à medida que a ilha vai sofrendo erosão. De acordo com peritos do Ministério dos Recursos Hídricos, Bangladesh, a faixa costeira do Bangladesh está a sofrer uma erosão sem precedentes, elevando o nível do mar, alterando o clima e eventos climáticos extremos como inundações, ciclones que ameaçam as zonas costeiras e baixas do Bangladesh (MoEF, 2008). As alterações climáticas no Bangladesh estão a aumentar a gravidade e a frequência dos ciclones, a baixa pluviosidade na estação seca, as chuvas erráticas e severas provocarão inundações. Estes acontecimentos climáticos estão a afectar gravemente a produção agrícola, a perda de biodiversidade e a aumentar o custo das actividades de desenvolvimento (Pender, 2008).

Figura 2: Efeitos das alterações climáticas no Bangladesh

Fonte: Banco Mundial, 2008; Ministério do Ambiente, Governo do Bangladesh, 2008

3.6 Resposta política e cultural às alterações climáticas no Bangladesh

Tradicionalmente, as alterações climáticas não estavam na lista de prioridades da agenda governamental (Islão, 2000). Mesmo há 20 anos atrás, não existia um Ministério do Ambiente separado. Havia um pequeno departamento chamado Departamento do Ambiente e Controlo da Poluição sob a tutela do Ministério dos Assuntos Locais.

As alterações climáticas emergem gradualmente uma questão de significado político e social durante o início da década de 1990 no Bangladesh. No ano de 1989, o governo criou um ministério separado chamado Ministério do Ambiente e das Florestas (MoEF). O Ministério do Ambiente e Florestas é responsável pelos inquéritos, avaliação de impacto, programa de regeneração, investigação, formação, coordenação, supervisão da implementação de vários programas ambientais, criação de consciência ambiental entre a população (MoEF, 2008).

No ano de 2005, o Governo preparou um Programa de Acção de Adaptação Nacional (NAPA) após extensa consulta às comunidades em todo o país, sociedades civis, e diferentes grupos profissionais. O desenvolvimento do NAPA foi um ponto de partida significativo para lidar com o impacto das alterações climáticas. O processo foi levado mais longe desenvolvendo "Bangladesh Climate Change Strategy and Action Plan" no ano 2008, que é a principal base do esforço do Bangladesh no combate às alterações climáticas para os próximos dez anos. O recente relatório, publicado em 2009, centrou-se principalmente nas seguintes questões:

- Educação e gestão da informação
- Investir em investigação e desenvolvimento
- Desenvolvimento de infra-estruturas
- Gestão exaustiva de catástrofes
- Segurança alimentar, protecção social e saúde
- Mitigação e desenvolvimento com baixo teor de carbono
- Capacitação e desenvolvimento institucional

O relatório também sugere que o apoio às comunidades e o fortalecimento das pessoas nas zonas rurais para combater as alterações climáticas será a grande prioridade nas próximas décadas.

Reconhece que a implementação de vários projectos e programas ambientais requer apoio e participação pública. A sensibilização é também importante para desenvolver atitudes ambientais adequadas aos seus cidadãos.

O Bangladesh participou em várias iniciativas ambientais patrocinadas pela ONU, como a conferência de Quioto, a Cimeira da Terra no Rio. Vários projectos financiados por doadores estavam a ser implementados no Bangladesh. Para além do governo, a sociedade civil (ONG, jornalista, cientista) está a trabalhar para sensibilizar o público para o ambiente. Há algumas ONG especializadas em estudos e protecção ambiental. Têm programas de sensibilização, por exemplo, campanha de informação através de publicidade em meios electrónicos e impressos, formação de cadeias humanas (Islão, 2000). Alguns dos principais jornais, por exemplo, The Daily Star, Protom Alo, publicam colunas separadas dedicadas ao ambiente e às alterações climáticas.

Apesar de todos estes esforços e projectos, a resposta do Bangladesh às alterações climáticas continua a ser inadequada. Até agora, o Governo do Bangladesh não desenvolveu qualquer programa eficaz de educação e sensibilização do público sobre as alterações climáticas e o seu impacto. O público não tem acesso fácil à informação sobre as alterações climáticas; há uma falta de participação pública na abordagem da questão e no desenvolvimento de respostas. O governo deveria tomar mais programa de formação, campanha de sensibilização para sensibilizar as pessoas para as alterações climáticas (Rahman, 2009).

No Bangladesh, a sensibilização para a protecção ambiental é, até agora, assunto do Governo e de algumas das ONG. No entanto, não se tornou uma preocupação para a sociedade em geral. Pode ser alarmante, porque há sempre a possibilidade de que políticas, programas de protecção ambiental não sejam adoptados e implementados enquanto não houver uma pressão social para o fazer. Além disso, o governo necessita de apoio público para a adopção de uma solução técnica como política e implementação efectiva da política (Islamismo, 2000).

3.7 Descrição da área de estudo

Para este estudo foram recolhidos dados de quatro áreas diferentes da capital, Dhaka.

3.7.1 Dhaka:

Dhaka é o centro da vida económica, política e cultural do Bangladesh. Actualmente, a área da Dhaka City Corporation é de 360 km2 e a população é de 7 milhões (BBS, 2008a). A população da cidade é a composição de pessoas praticamente de todas as regiões do país. A população está a crescer 4,2% por ano, o que reflecte o afluxo contínuo de pessoas (DCC, 2010).

A população da cidade exposta a diferentes perigos ambientais e sociais. Alguns deles são a gestão de resíduos sólidos; poluição do ar, da água e do ruído; urbanização rápida, engarrafamento, favelas, desemprego, crescente migração de pessoas, extracção de água, inundações e ciclones (HasaneMulamoottil, 1994).

A taxa média de alfabetização é de 62,3% (BBS, 2008b), que é a mais elevada entre todas as cidades do Bangladesh.

A cidade de Daca é constituída por sete thanas principais, nomeadamente Dhanmondi, Kotwali, Motijheel, Ramna, Mohammadpur, Sutrapur e Tejgaoe, e 14 thanas auxiliares. O levantamento para este trabalho tinha sido realizado em quatro áreas, nomeadamente Gulshan, Momammadpur, Dhanmondi e área de Motijheel.

a. Gulshan: Gulshan é considerada como uma das zonas residenciais e comerciais modernas da cidade de Dhaka. A área total de Gulshan Thana é de 40,9 km2. A população total é de cerca de 0,16 milhões de habitantes. A taxa média de alfabetização é de 59,7. Nesta área existem 8 universidades, 1 faculdade de medicina, 20 escolas secundárias não governamentais, 7 madrasas, 1 escola primária governamental, e 20 escolas primárias não governamentais. A principal ocupação das pessoas desta área é o serviço 40,9% (Banglapedia, 2009).
b. Momammadpur: Mohammadpur thana está com uma área de 10,62 km2. A população total é de 0,29 milhões, a população flutuante é de 7,9%. A taxa de alfabetização é de 52,7%. A ocupação principal desta área é serviço 32,91%, comércio 22,11%, transportes 16,29% (Banglapedia, 2009).

c. Dhanmondi: A área total é de 7,74 km2. População: 0,16 milhões. Taxa de alfabetização 71,7%. Serviço de ocupação principal 41,6% e comércio 27,6% (Banglapedia, 2009).

d. Motijheel: Esta área é considerada como uma das maiores áreas comerciais do Bangladesh. Área total de 4,69 km2. A população total é de 0,22 milhões, a taxa média de alfabetização é de 70,9%. A ocupação principal é o serviço 51,9% e o comércio 23,9%.

Figura 3: Mapa da cidade de Dhaka

4. Metodologia

Este capítulo descreve os métodos aplicados para recolher e analisar os dados. Com base na conclusão retirada da revisão da literatura e do modelo, defendo que a abordagem metodológica mista é a mais apropriada para este estudo ao examinar a compreensão do público e a resposta às alterações climáticas. Explico brevemente como o questionário tinha sido desenvolvido, pré-teste, técnica de amostragem, e descrição dos métodos de análise de dados utilizados para este estudo.

4.1 Justificação para metodologia mista

Durante mais de um século, existe uma ardente disputa entre o investigador relativamente à incompatibilidade fundamental do paradigma filosófico dos métodos de investigação qualitativa e quantitativa (Lincoln eGuba, 1985). Os pressupostos da investigação quantitativa estão geralmente associados ao que é popularmente conhecido como "paradigma positivista" (Maxcy, 2003). Os puristas qualitativos rejeitam "positivistas" e associam o método quantitativo ao construtivismo, idealismo, relativismo, humanismo (Gubae Lincoln, 2005) . Contudo, Bryman (1988) argumenta que os métodos qualitativos e quantitativos não são essencialmente incompatíveis e por vezes enganadores quando consideramos a prática da ciência natural (Whitmarsh, 2005). Investigação de métodos mistos, não é a substituição dos métodos tradicionais de investigação, mas este método é útil para legitimar múltiplas abordagens na resposta a questões de investigação. A escolha do método de investigação deve seguir as perguntas de investigação, de forma a obter as melhores respostas possíveis, a codificar, a analisar os dados. Tanto o método qualitativo como quantitativo tem sido utilizado neste estudo social para explorar múltiplas dimensões de realidades sociais. Foi o tipo de questões de investigação que determinou a escolha da metodologia (Johnson eOnwuegbuzie, 2004).

Figura 4: Modelo visual dos métodos de recolha e análise de dados da investigação

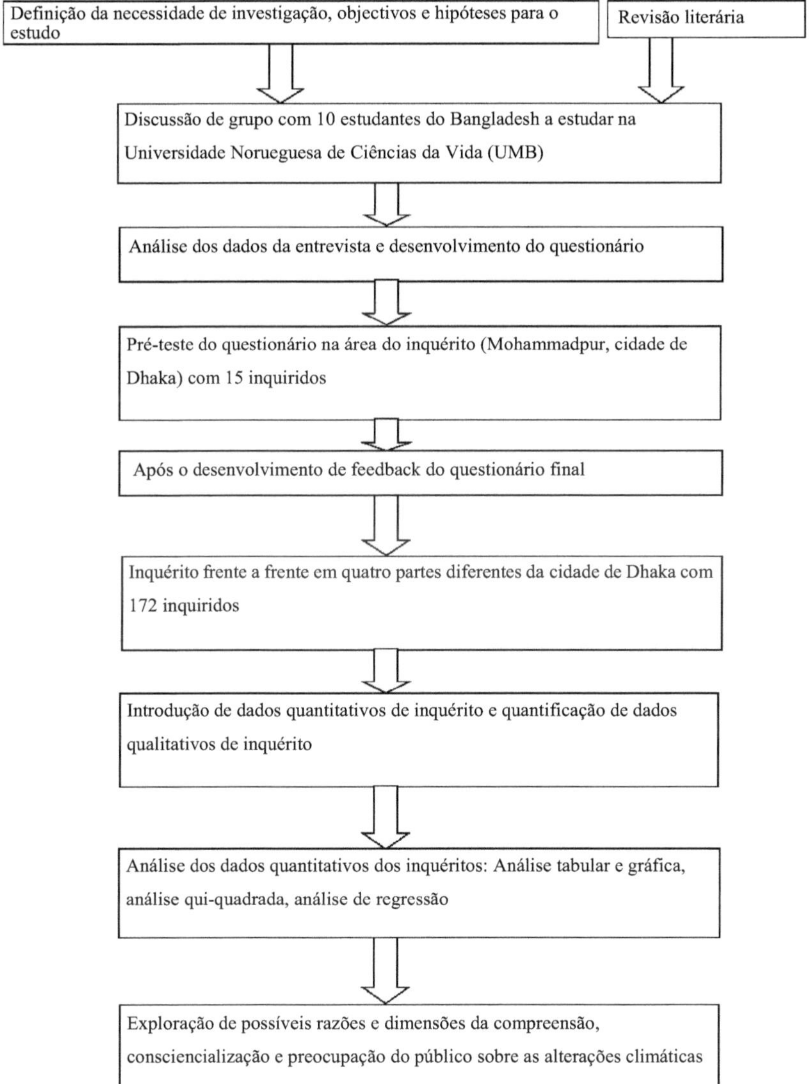

4.2 Formulação do Questionário

A primeira fase da investigação foi a de formular o questionário. Foi concebido para obter informações sobre a crença particular das pessoas, acções relacionadas com várias questões ambientais, em particular as alterações climáticas. Foi desenvolvido após uma revisão bibliográfica e uma breve discussão com dez estudantes do Bangladesh a estudar na Universidade Norueguesa de Ciências da Vida, Âs, Noruega. Inicialmente foi desenvolvido para inglês e mais tarde traduzido para bengali, uma vez que a maioria das pessoas no Bangladesh compreende principalmente bengali. Houve um esforço para manter o questionário tão simples quanto possível, para que pudesse ser compreendido pela maioria da população. Foi tomado um grande cuidado para evitar o uso de terminologia científica / académica de difícil compreensão, e substituí-lo por palavras e frases comummente utilizadas. O questionário era composto de sete páginas com perguntas qualitativas e quantitativas.

Havia 3 secções e 24 perguntas no questionário. Segue-se uma breve descrição de cada secção.

- Secção 1: Dados demográficos - Idade, sexo, educação, profissão e rendimentos.
- Secção 2: Preocupação e experiências ambientais gerais. Esta secção perguntou aos inquiridos sobre as questões sociais e ambientais que mais os preocupam.
- Secção 3: Sensibilização, conhecimento, atitude, comportamento em relação às alterações climáticas. Esta secção é constituída pela maioria das questões. Começa com perguntas gerais e abertas e passa a obter informações sobre as expectativas dos inquiridos, conhecimentos, atitude, fontes de informação sobre as alterações climáticas.

Uma cópia do questionário completo é apresentada no anexo.

4.2.1 Pré-teste do questionário

O questionário foi pré-testado com 15 respondentes na área de Mohammadpur pelo investigador durante o mês de Dezembro de 2008. O questionário destinava-se a medir as atitudes, compreensão e comportamento ambiental das pessoas. Após o pré-teste, verificou-se que

- O preenchimento do questionário pelos inquiridos foi moroso,
- As pessoas estão menos interessadas no auto-realização do questionário do inquérito,
- Algumas das questões eram irrelevantes para o contexto do Bangladesh (por exemplo, questões sobre comércio de carbono, energia nuclear) e as pessoas confundem-se com alguns termos, especialmente os menos instruídos.

As alterações necessárias foram feitas excluindo e incluindo algumas questões relevantes, para que fosse simples, fácil de compreender.

Depois de se ter fingido que o método de levantamento cara a cara seria o método apropriado para este estudo, devido às seguintes razões.

- Descrever adequadamente ao respondente a finalidade e o objectivo da investigação. Além disso, se o inquirido sentir desconforto e não compreender correctamente quaisquer questões, poderá ser facilmente explicado no local
- Havia mão-de-obra disponível e especializada para conduzir o inquérito. O inquérito face a face foi considerado fácil de trabalhar de acordo com a linha de tempo programada, em comparação com o inquérito por correio.
- Para este estudo a entrevista cara a cara também poderia ser útil para compreender e obter melhor informação sobre o campo, em vez de entrevista por telefone ou inquérito por correio. Porque aqui o investigador pode comunicar melhor com os inquiridos, pode ler a linguagem corporal dos inquiridos, o seu conforto e desconforto sobre várias questões.

As dificuldades eram treinar os outros dois entrevistadores, aproximando-se de estranhos para uma entrevista, o que consumia tempo e era dispendioso.

4.3 Selecção da área de estudo

O estudo baseou-se principalmente na recolha de dados primários de entrevistas realizadas durante o período de Janeiro a Março de 2009. Foram seleccionadas aleatoriamente amostras de 172 participantes de quatro áreas diferentes da cidade de Dhaka. Estas áreas foram escolhidas propositadamente com base em informações preliminares, tempo e disponibilidade de recursos, acessibilidade da área e expectativa de cooperação por parte dos inquiridos.

Gulshan, Mohammadpur, Dhanmondi, Motijheel estas áreas da cidade de Dhaka foram escolhidas. Migrante proveniente de diferentes partes do Bangladesh, a maior parte das vezes estabelecido em Mohammadpur e na área de Dhanmondi. O pressuposto foi que as opiniões destas pessoas são também um reflexo do povo do Bangladesh. Estas áreas são também propensas a inundações, tanto dos rios como do excesso de precipitação que geram escoamentos que ultrapassam a capacidade do actual sistema de drenagem (AlameRabbani, 2007).

Figura 5: Mohammadpur, após 4 horas de chuva forte, Agosto de 2010

Fonte: A estrela diária

4.4 Técnica de amostragem

Quatro áreas da cidade de Dhaka foram seleccionadas propositadamente. As entrevistas foram organizadas por mim juntamente com dois outros entrevistadores utilizando o método de amostragem aleatória estratificada. A amostragem aleatória estratificada é normalmente utilizada pelo investigador na pesquisa do seu levantamento tem algumas vantagens sobre a amostragem completamente aleatória, por exemplo, assegura que todos os grupos de interesse são adequadamente representados na pesquisa do levantamento. Também mantém um maior grau de validade externa e minimiza a subjectividade na selecção da amostra (Robson, 2002). A amostragem inclui diferentes grupos socioeconómicos dentro das áreas, por exemplo, diferentes níveis de educação, profissões, acesso aos meios de comunicação social, rendimentos, com diferentes exposições ao risco ambiental. Segundo o "Dhaka city state of environment report, 2008", todas as áreas de Mohammadpur, Motijheel, Gulshan e Dhanmondi estão expostas ao risco de cheias, exploração da água; ruído, ar, poluição da água. Em primeira semana de Setembro de 2008, estas áreas foram inundadas durante 2 semanas. Para além das inundações, estas áreas são também propensas a frequentes congestionamentos de drenagem. Por conseguinte, esperava-se que os entrevistados fossem mais intrusivos e potencialmente perturbadores para os riscos ambientais. Foram realizadas 42 entrevistas em Gulshan, seguidas de 47 entrevistas em Mohammadpur, 43 em Dhanmondi e 40 entrevistas na zona de Motijheel. A duração das entrevistas durou entre 45 minutos e 1,30 horas. Entrevistados de diversas origens e de diferentes profissões como homem de negócios, detentores de serviços, reformados, directores de empresas, donas de casa, donas de restaurantes, estudantes, gestores, puxadores de riquixá, consultores de TI, professores, engenheiros.

Quadro4.1: Tamanho da amostra de acordo com a área

Área	Tamanho da amostra	Percentagem da distribuição total
Gulshan	42	24%
Mohammadpur	47	27%
Dhanmondi	43	25%
Motijheel	40	23%
Fonte: Inquérito de campo, 2009		

4.5 Perfil demográfico dos respondentes ao inquérito

Uma série de factores pessoais e sociais pode afectar significativamente a forma como os inquiridos encararam, compreenderam e responderam às alterações climáticas. Por conseguinte, este estudo tenta examinar algumas das principais características demográficas dos inquiridos. O objectivo da estratégia de amostragem foi adoptado para assegurar uma representação adequada do número de grupos-chave em relação às questões de investigação, bem como para alcançar uma amostra amplamente representativa da população total.

Os detalhes dos perfis demográficos dos inquiridos são apresentados no Quadro 4.2. O número total de inquiridos foi de 172. 61% dos inquiridos eram homens enquanto 39% dos inquiridos eram mulheres. A amostra do inquérito tem uma proporção menor de mulheres do que a população de Dhaka (49%) (BBS, 2008). As idades dos inquiridos situavam-se entre os 15 e 78 anos, a idade média era de 35 anos. A amostra do inquérito é pouco mais instruída do que o total da população de Dhaka. 70% da amostra foi educada em comparação com 62,3% da população total da cidade (BBS, 2008). 33% dos inquiridos tinham experiência de viver em áreas ambientalmente vulneráveis como inundações, ciclones e secas. 70% dos inquiridos tinham pelo menos um acesso aos meios de comunicação, quer electrónicos quer impressos.

Quadro4.2: Perfil demográfico dos respondentes ao inquérito

		Total	Percentagem
Número total de inquiridos		**N= 172**	**100%**
Género	Homem	105	61%
	Feminino	67	39%
Idade	16-24	47	27%
	25-40	82	48%
	Mais de 41	43	25%
Ocupação	Empresas	43	25%
	Serviço	55	32%
	Trabalhador assalariado	17	10%
	Agricultura	9	5%
	Estudante	21	12%
	Dona de casa	21	12%
	Desempregado	5	3%
	Outros	2	1%
Monthlyfamily rendimentos	Menos de 10.000	62	36%
	10.000 a 20.000	79	46%
	Mais de 20.000	31	18%
Educação	Noformal educação	52	30%
	Classe I-V	30	17%
	Classe VI- X	41	24%
	Classe X+	49	28%
Acesso aos meios de comunicação	Sim	120	70%
	Não	52	30%
Experiência de viver em costas ambientalmente vulneráveis área	Sim	56	33%
	Não	116	67%

4.6 Procedimento de introdução e análise de dados

Todos os dados do questionário, incluindo respostas qualitativas e quantitativas, foram inicialmente introduzidos no Minitab, versão 15 e Microsoft excel 2010. A fim de assegurar a fiabilidade, cada terceiro questionário foi verificado para que os dados introduzidos fossem exactos. Sobretudo, havia poucos valores em falta (sobre todos os 10%) e a análise dos valores em falta indicava que havia uma distribuição aleatória. Os dados em falta foram rectificados através da substituição da média variável. Os valores médios foram substituídos por dados em falta nas perguntas de resposta em escala, uma vez que não altera a média global da pergunta (Donner 1992 citado por Whitmarsh, 2005).

Os dados qualitativos foram exportados para o Minitab para codificação e análise. A codificação das respostas à pergunta aberta em categorias discretas foi necessária para posterior re-introdução e análise. O Minitab foi utilizado para produzir estatísticas descritivas, de frequência para todas as variáveis e para realizar a análise de regressão. O Excel foi utilizado para produzir alguma apresentação gráfica. A análise de regressão foi utilizada para prever a probabilidade de um determinado respondente "compreender" as alterações climáticas, estar "preocupado" com as alterações climáticas e "atitudes" em relação às alterações climáticas, tendo em conta os seus antecedentes, idade, experiência, conhecimentos, acesso aos meios de comunicação e assim por diante. A análise de regressão produziu um modelo a partir dos dados para prever as variáveis dependentes a partir das variáveis independentes. A regressão logística analisa a inter-relação entre grandes números de variáveis (Ryan, 2009).

4.6.1 Modelo de regressão logística

Dado que algumas das variáveis dependentes são dicotómicas, o modelo de regressão logística foi considerado apropriado para esta análise. Ao contrário da regressão linear, a regressão logística pode ser utilizada para os dados em que a relação é não linear. A equação de regressão logística difere da equação de regressão linear ao transformar os dados utilizando a transformação logarítmica a fim de superar o problema da não linearidade (Ryan, 2009). Este método é popularmente utilizado em diferentes inquéritos sociais de atitude, tais como o inquérito britânico sobre atitude social (Christie e Jarvis, 2001). Em geral, a forma funcional do modelo de regressão logística pode ser escrita da seguinte forma:

$$L_i = \ln\left({}^{i}/_{1} \quad \right) = \beta_1 + \beta_2 x_2 + \ldots\ldots\ldots\ldots\ldots\ldots\ldots + \beta_k x_k + \varepsilon_i$$

Onde as variáveis dependentes seriam fictícias, o que tomaria valor 1, se a resposta for positiva em relação à consciência, compreensão e atitude em relação às alterações climáticas, 0 de outra forma. Foram utilizados três modelos logísticos para três variáveis dependentes. A idade do inquirido, educação, sexo, acesso aos meios de comunicação, experiência pessoal de viver numa área ambientalmente frágil e rendimento familiar foram utilizados como variáveis independentes.

4.6.1.1 Interpretação dos resultados

Os resultados da análise de regressão logística binária do Minitab geram "tabela de regressão logística" que mostra coeficientes estimados, erro padrão dos coeficientes, valor z, valores p-, rácios ímpares e intervalo de confiança de 95% do rácio ímpar. Se os coeficientes de valor p tiverem menos de 0,05, indicando que existe evidência suficiente de que os coeficientes não são zero utilizando um nível de 0,05.

4.6.1.2 Validade do modelo

A bondade dos testes de aptidão mostra Pearson, desvio, Hosmer-Lemeshow bondade dos testes de aptidão. Além disso, são exibidos dois testes Brown - alternativa geral e alternativa sistemática. Se o valor p for inferior ao nível a- aceite (neste caso o nível aceite é no máximo 10%), o teste rejeitaria a hipótese nula de um ajuste adequado.

4.6.2 Análise qui-quadrada

A análise qui-quadrada tem sido utilizada para explorar a relação entre as variáveis, para descobrir e comparar diferentes tipos de inquiridos (por exemplo, homens e mulheres), dando respostas ao inquérito significativamente diferentes. A apresentação gráfica tem sido feita com a ajuda da Microsoft excel.

4.7 Qualidade dos dados e verificação cruzada

Não é uma tarefa fácil recolher dados precisos e fiáveis e outras informações necessárias do campo. Deve ser feito correctamente, uma vez que o sucesso do inquérito depende da fiabilidade dos dados. Antes de iniciar a entrevista, foi feita uma breve introdução sobre a natureza e o objectivo do estudo aos inquiridos. A entrevista foi feita no seu período de lazer para que pudessem dar informações precisas sem distracções. Foram feitas perguntas de forma sistemática e foram dadas explicações sempre que necessário. A informação foi registada directamente nos horários das entrevistas. Todos os dados foram verificados e cruzados antes de serem transferidos para as folhas-mestras.

4.8 Descrições de algumas variáveis

Aqui as variáveis dependentes são a compreensão, consciência e atitudes dos inquiridos em relação às alterações climáticas. Há algumas variáveis independentes que foram consideradas que poderiam ter influência sobre as variáveis dependentes. Na sequência de variáveis independentes incluídas na análise de regressão.

1. Todas as variáveis demográficas, tais como idade, sexo, localização, rendimento, educação.
2. Percepção de alteração do padrão meteorológico
3. Conhecimentos e crenças sobre ambiente e alterações climáticas
4. Fontes de informação sobre as alterações climáticas
5. Importância pessoal da questão das alterações climáticas
6. Percepção da ameaça/impacto das alterações climáticas sobre si próprio
7. Percepção da eficácia individual e responsabilidades em relação às alterações climáticas

Todas as variáveis incluídas na análise de regressão logística binária foram registadas em variáveis dicotómicas. Uma variável com um número de categorias tornou-se em várias variáveis, cada uma delas distinguindo uma categoria de todas as outras. Por exemplo, existem três categorias como Sim, Não, Não tenho a certeza. Torna-se sim=1, outras = 0. A normalização da forma das variáveis independentes em dados dicotómicos facilita a interpretação dos resultados da regressão de uma forma que o co-eficiente pode ser directamente comparado. Pode-se dizer que o maior co-eficiente da variável terá a maior influência na previsão das variáveis dependentes (Christie & Jarvis, 2001 citado por

Whitmarsh, 2005).

Foram examinados vários modelos de regressão utilizando diferentes combinações de variáveis independentes até que um modelo fosse aceite com base em muitas variáveis significativas com baixo erro padrão e elevado valor preditivo do modelo. Uma vez que cada variável dependente pode ser prevista por diferentes variáveis independentes, nem todas as variáveis foram incluídas em cada análise de regressão.

As variáveis dependentes na análise de regressão são 'compreensão', 'consciência' e 'atitude' em relação às alterações climáticas. Os termos são definidos da seguinte forma

- Aqui "compreensão das alterações climáticas" significa se os inquiridos conhecem ou não a definição científica de alterações climáticas. A primeira variável dependente examinada distingue os inquiridos que afirmaram na pergunta 12 (Qual é a definição de Alterações Climáticas?), que "o aumento da concentração de dióxido de carbono (CO_2) na atmosfera terrestre causa o aquecimento global" e "as alterações na média a longo prazo no clima diário são alterações climáticas" (NASA, 2005). Uma vez que estas são a definição amplamente aceite de alterações climáticas entre os cientistas e decisores políticos, sentiu-se que isto representa uma importante compreensão baseada no conhecimento das alterações climáticas. Aqui 1 indica que os inquiridos escrevem ambas ou uma das duas definições e o 0 indica que o inquirido não escolheu uma destas duas definições.
- Outra variável dependente era o conhecimento. Assume-se que quando uma pessoa se preocupa com as alterações climáticas, também está consciente da questão. A este respeito, consciência e preocupação são sinónimos. A variável dependente distingue os inquiridos que na pergunta 16 (Qual a importância da questão da mudança climática para si pessoalmente?) respondem à mudança climática é uma questão que lhes diz respeito. Aqui 1 indica os inquiridos que estão preocupados com as alterações climáticas e 0 indica que não estão preocupados.
- Aqui os comportamentos ou atitudes em relação às alterações climáticas são comportamentos orientados para a intenção. A variável dependente distingue os inquiridos que respondem à pergunta 24 (Acredita que temos a responsabilidade de

olhar para o interesse das gerações futuras, mesmo que isso signifique piorar a nossa situação?) de tomar medidas positivas para combater as alterações climáticas para o saco da geração futura, mesmo que isso prejudique a geração presente. Aqui 1 indica aqueles que respondem 'Sim' e 0 indica aqueles que respondem 'Não'.

4.9 Limitações do questionário e dos métodos:

Neste inquérito tinha sido aplicado tanto o método qualitativo como o quantitativo. Ambos os métodos tinham os seus pontos fortes e fracos. A recolha de dados qualitativos é demorada em comparação com a recolha de dados quantitativos. A análise qualitativa de dados é também mais complexa e demorada. A investigação quantitativa também sofre um número de limitações.

Em primeiro lugar, tende a restringir as respostas do inquirido. Esta limitação foi parcialmente abordada neste estudo ao incorporar um número de questões em aberto e espaço para comentários adicionais.

Em segundo lugar, aqui a atitude e as crenças do povo são apresentadas de forma descontextualizada e estática. Na realidade, a opinião pode flutuar com os acontecimentos climáticos, a cobertura mediática e em relação à preocupação concorrente.

Em terceiro lugar, poderia haver respostas tendenciosas. As respostas poderiam expressar uma maior preocupação com as alterações climáticas quando tomassem consciência do objectivo final do questionário.

Em quarto lugar, o inquérito foi feito com um número limitado de pessoas e profissões. Ao excluir outros grupos de pessoas, o inquérito contém automaticamente alguns elementos de parcialidade. No questionário, para algumas perguntas (Q 10, Q24) havia uma opção "nem concordar nem discordar", alguns dos participantes inquiridos sentiram que deveria substituir/ associar com "não sei". Cerca de 5% dos inquiridos consideram que o questionário e o tema era complexo e demorado. Na secção de comentários adicionais 15% dos inquiridos comentam que o tópico é interessante, importante e que o inquérito tinha aumentado o seu nível de consciencialização sobre questões ambientais, em particular as alterações climáticas.

5. Resultados e Discussão

As discussões dos resultados da análise de dados são apresentadas neste capítulo.

5.1 Preocupação ambiental e importância relativa das alterações climáticas

Esta investigação examinou a preocupação com as alterações climáticas relativamente a outras questões socioeconómicas e ambientais. A pergunta 8 solicitou aos inquiridos que escolhessem as três questões mais importantes que mais os preocupavam da lista dos dezoito. O quadro 5.3, abaixo, mostra a proporção de todos os inquiridos que seleccionaram cada uma das preocupações listadas. A preocupação mais popular, seleccionada por 57% dos inquiridos, é a pobreza, seguida de sobrepopulação (45%) e inundação (35%).

As alterações climáticas são classificadas a meio caminho no $^{7º\ lugar}$, 18% dos inquiridos listaram-na como uma preocupação. A análise da praça Chi mostra que as pessoas que escolhem as alterações climáticas entre as três questões mais importantes para o Bangladesh são maioritariamente instruídas (83%), têm pelo menos um acesso aos meios de comunicação social (71%), pensam que são pessoalmente afectadas pelas alterações climáticas (84%), e não do grupo de rendimento mais baixo.

Quadro5.3: Preocupação relativa com as alterações climáticas

Edições	**Percentagem**
Pobreza	57%
Sobre a População	45%
Inundação	35%
Desemprego	29%
Instabilidade política	20%
Ciclone	19%
Alterações Climáticas	18%
Inflação	17%
Agricultura (Indisponibilidade e preço dos insumos agrícolas, Insucesso das culturas)	17%
Falta de instalações para a educação	13%
Tráfego/ congestionamento	12%
Corrupção	10%
Poluição da água	4%
Desigualdade de rendimentos	2%
Má Governação	2%
Terrorismo	0%
Poluição atmosférica	0%
Segurança social	0%
Poluição da água	0%
Pergunta 8: Considere as seguintes questões, assinale as três questões mais importantes que o Bangladesh enfrenta actualmente?	

O quadro 5.4 mostra a opinião pública sobre problemas ambientais específicos. O inquérito incluiu oito problemas ambientais apresentados neste quadro. Os inquiridos escolheram um dos problemas mais importantes da lista. Como o quadro mostra, as alterações climáticas classificaram o problema ambiental mais importante. Após as alterações climáticas, a poluição do ar e da água foram as preocupações mais frequentemente mencionadas entre os inquiridos.

Quadro5.4: Opinião pública sobre o problema ambiental mais importante

Problema ambiental	Percentagem
Alterações climáticas	31%
Poluição da água	15%
Poluição atmosférica	14%
Doenças	13%
Lixo tóxico	9%
Destruição do ecossistema	8%
Desmatamento	7%
Extinção das espécies	3%
Pergunta 9: Considere os seguintes problemas ambientais; assinale por favor um problema mais importante de acordo consigo	

Vários explicaram a sua preocupação com as alterações climáticas e a poluição relacionada com o facto de serem visíveis e de experimentarem uma ameaça capaz, estar a afectar a sua própria saúde ou a saúde da família ou dos amigos. Por exemplo:

> "Verão mais quente, inundações devido a chuvas fortes repentinas, poluição do ar e da água são as que me afectam pessoalmente. A maioria dos membros da minha família, especialmente a criança, sofre de diarreia, tosse, problemas respiratórios durante todo o ano"(Macho, puxador de riquixá)

A figura 6 mostra que a maioria dos inquiridos (73%) considerou a questão como sendo pessoalmente importante.

Figura 6 Importância pessoal da questão das

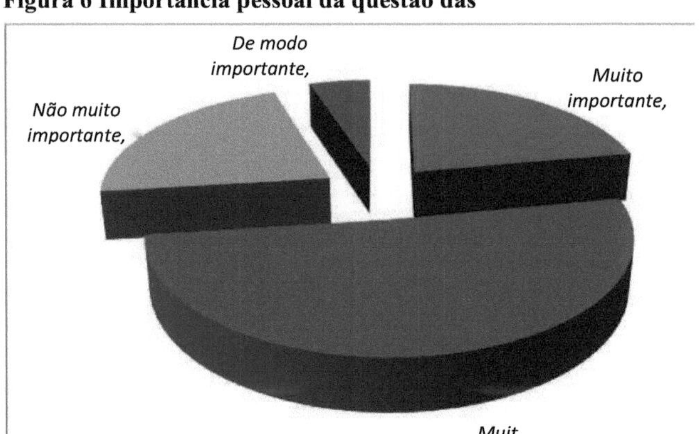

Pergunta 16: Qual a importância da questão das alterações climáticas para si pessoalmente?

O inquérito mostra que as pessoas que vivem na zona costeira, com experiência em inundações, ar, poluição da água, com educação formal, estão mais preocupadas com questões como as alterações climáticas do que qualquer outra pessoa. A análise qui-quadrada indica que quem declarou que considerava as alterações climáticas uma questão importante (incluindo o inquirido que selecciona "muito importante" & "bastante importante") , uma proporção significativamente mais elevada é

- Pessoas que têm experiência de vida em zonas costeiras ou propensas a inundações (92%, estatisticamente significativo ao nível de 1%)
- Pessoas que são educadas (80%, estatisticamente significativas ao nível de 1%)
- Pessoas que têm pelo menos um acesso aos meios de comunicação (74%, estatisticamente significativo ao nível de cinco por cento)
- Grupo etário entre 25-40 anos (56%, estatisticamente significativo ao nível de um por cento)

Os dados do inquérito indicam que as pessoas geralmente acreditam que já são vítimas das alterações climáticas. A figura 6 mostra que 84% dos inquiridos pensam que já são vítimas das alterações climáticas.

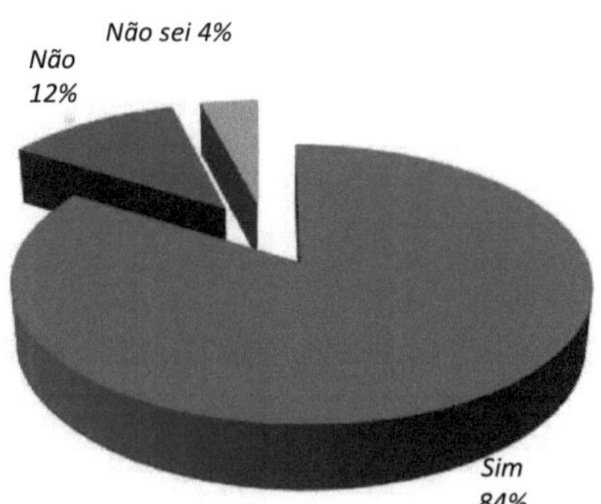

Figura 7 Os inquiridos sentem-se já vítimas das alterações climáticas?

Pergunta 17: a) Pensa que já é vítima das alterações climáticas?

Quando os entrevistados foram convidados a identificar as razões, mencionaram várias questões socioeconómicas e ambientais. O quadro 5.5 seguinte é a lista de questões identificadas pelos inquiridos.

Quadro5.5: Opinião dos inquiridos sobre como estão a ser, ou serão, afectados pelas alterações climáticas

Respostas	**Percentagem de inquiridos no total da amostra**
Aumento da frequência das cheias e ciclones	29%
Tempo extremamente quente	15%
Impacto na saúde humana	12%
Falta de água	7%
Inverno curto	4%

Falha das culturas	6%
Erosão dos rios	15%
Crise alimentar (especialmente arroz)	5%
Percentagem de inquiridos que não responderam	7%

Em alguns casos, os inquiridos estão também preocupados com a perda de terras, florestas e migração de pessoas.

> "Vim para Dhaka há 2 anos após a perda das nossas terras agrícolas devido à salinidade Os meus mais velhos irmão migra para Chittagong e trabalha como diarista no porto". (Macho, Vendedor)

Os dados do inquérito mostram que a preocupação ambiental é definida em termos de questões e experiências que constituem uma ameaça directa aos indivíduos. De facto, em várias ocasiões, foi evidente que os entrevistados definiram a preocupação em termos de questões que os afectam directamente; estas eram questões ambientais, preocupações pessoais e sociais.

5.2 Valores ambientais

O questionário examina os valores ambientais dos inquiridos. A tabela 5.10 mostra a proporção de inquiridos que concorda e discorda com as declarações de valores entre economia e ambiente. 91% dos inquiridos consideram que tanto a economia como o ambiente são importantes. 54% pensam que a economia deve vir em primeiro lugar antes do ambiente. Apenas 13% dos inquiridos pensam que os empregos hoje em dia são mais importantes do que a protecção do ambiente. Um terço (34%) dos inquiridos não estava seguro acerca disso. Parece que embora as pessoas estejam preocupadas com o ambiente, enfrentam uma tremenda pressão financeira para fazer face às despesas do dia-a-dia.

> "Há muitas conversações em curso sobre o ambiente circundante. Temos de nos lembrar que o Bangladesh é um dos países mais pobres do mundo. As pessoas lutam todos os dias para se alimentarem a si próprias e às suas famílias. O governo deveria concentrar-se mais no desenvolvimento do país, criando empregos, mantendo o preço das mercadorias abaixo da capacidade de compra para o seu cidadão. ....Em a minha aldeia algumas estações do ano as pessoas comem uma vez por dia"(Macho, Estudante)

Quadro5.6: Preferências públicas entre a Economia e o Ambiente

Declaração	**Percentagem respondendo**
Deve ser dada a máxima prioridade à protecção do ambiente, mesmo que isso prejudique a economia	3%
Deve ser dada a mais alta prioridade à economia, mesmo que isso prejudique o ambiente	6%
Tanto o ambiente como a economia são importantes, mas o ambiente deve vir depressa	37%
Tanto o ambiente como a economia são importantes, mas a economia deve vir depressa	54%
Pergunta 10: Muitas questões ambientais envolvem compromissos difíceis com a economia. Qual das seguintes declarações descreve o seu ponto de vista?	

A tabela 5.7 mostra a proporção de inquiridos que concorda e discorda com as declarações de valor. 38% dos inquiridos estão prontos a fazer alguns sacrifícios pessoais em prol do ambiente. Quase metade (47%) dos inquiridos estavam inseguros quanto à sua acção relacionada com a realização de sacrifícios pessoais pelo bem do ambiente. Um terço (32%) dos inquiridos acredita que a natureza é suficientemente forte para voltar à sua fase normal. Um quarto (25%) dos inquiridos não concorda com esta afirmação. Restam 43% dos inquiridos que não concordam nem discordam com a declaração. 61% dos inquiridos acreditam que o equilíbrio da natureza é delicado e pode ser facilmente desestabilizado.

Contudo, da tabela podemos ver que, em relação aos sacrifícios pessoais em prol do ambiente, metade dos inquiridos não concorda nem discorda da declaração. Também indicou que existe uma preocupação moral em relação ao ambiente. Metade dos inquiridos indicam que não apoiam apenas a criação de empregos e o esquecimento do ambiente. As pessoas acreditam firmemente que o equilíbrio da natureza é importante e, se não cuidarmos da natureza, ela pode facilmente ser desestabilizada.

Quadro5.7: Valores ambientais

Declarações	**Concordar fortemente**	**Concorda**	**Não concordar nem discordar**	**Discordar**	**Discorda fortemente**	**Acordo total**
A. Os empregos hoje em dia são mais importantes do que a protecção do ambiente	2%	11%	34%	41%	12%	*13%*
B. Estou disposto a fazer alguns sacrifícios pessoais em nome do ambiente	13%	25%	47%	13%	2%	*38%*
C. A natureza é suficientemente forte para reanimar e voltar à sua fase normal	7%	25%	43%	22%	3%	*32%*
D. O equilíbrio da natureza é muito delicado e pode facilmente desestabilizar	16%	45%	21%	14%	4%	*61%*
Pergunta 11: Queira indicar o quanto concorda e discorda com as seguintes declarações						

5.3 Conhecimento dos inquiridos sobre a definição científica das alterações climáticas

Apenas 13% dos inquiridos pensam conhecer a definição científica das alterações climáticas. A análise qui-quadrada indica que

- Apenas 19% dos educados conhecem a definição científica. Todos eles têm pelo menos um acesso aos meios de comunicação
- 82% deles situam-se abaixo desse grupo etário entre os 16 e 40 anos.

5.4 Opinião pública sobre a necessidade de acção em resposta às alterações climáticas

No inquérito foi feita uma pergunta sobre a necessidade de acção em resposta às alterações climáticas. Esta pergunta foi feita para julgar a atitude do público face às alterações climáticas. A tabela 5.8 mostra as respostas do público a esta pergunta. O inquérito incluiu quatro escolhas listadas na tabela. No total 83% dos inquiridos escolheram as opções 1 e 2, pensaram que existiam evidências de alterações climáticas e que algumas acções precisavam de ser tomadas. 16% dos inquiridos acharam que não sabíamos muito sobre as alterações climáticas e que era necessária mais investigação antes de tomarmos qualquer medida.

Podemos ver na Tabela 5.5 & 5.8, a preocupação do público em geral com as alterações climáticas é elevada e eles querem que seja tomado algum tipo de acção. Um entrevistado sente que existem fortes razões para tomar as medidas necessárias para enfrentar as alterações climáticas.

> "No ano de 2007 e 2008, o Bangladesh enfrenta dois ciclones graves e uma inundação. Devido a isso, houve falhas nas colheitas que resultaram no preço elevado dos produtos. ... A situação forçou mesmo as pessoas de rendimento médio a ficarem em fila de espera pela ração do governo. Podemos ver nos últimos dois anos que não há Inverno em Dhaka. O Verão é mais longo e extremamente quente" (Feminino, Titular do serviço)

Quadro5.8: Opinião pública sobre a necessidade de acção em resposta às alterações climáticas

Opinião	Percentagem
1. As alterações climáticas foram estabelecidas como um problema grave e é necessária uma acção imediata	48%
2. Existem provas suficientes de que as alterações climáticas estão a ter lugar e algumas acções devem ser empreendidas	33%
3. Não sabemos sobre as alterações climáticas e é necessária mais investigação antes de tomarmos qualquer medida	16%
4. A preocupação com as alterações climáticas é injustificada	3%
Pergunta 13: De acordo com a sua compreensão das alterações climáticas, qual das seguintes afirmações se aproxima mais da sua opinião?	

5.5 Fontes e fiabilidade da informação sobre alterações climáticas

Este estudo investiga as fontes de informação que as pessoas ouvem e aprendem sobre as alterações climáticas e a fiabilidade das fontes. As fontes poderiam ser provas sensoriais directas, por exemplo, a observação/experiência do inquirido e fontes secundárias de informação, por exemplo, poderia ser dos meios de comunicação, governo, Internet, institutos de educação e rede social.

A fiabilidade da fonte de informação pode ser um factor vital para influenciar as pessoas a aceitar, rejeitar ou ignorar as alterações climáticas.

5.5.1 Experiências e observações

Praticamente todos os entrevistados pensavam que o padrão climático estava a mudar. A figura 7 mostra que 84% dos inquiridos pensam que o padrão climático está a mudar. Os entrevistados tenderam a equacionar a mudança climática com a mudança recente do padrão climático. Por exemplo, alguns explicaram

"... ... o padrão do tempo mudou, por exemplo, o Verão mais quente". (Feminino, Dona de casa)

"...Inverno tardio e curto, alteração do padrão de precipitação, precipitação súbita e extrema"(Feminino, Dona de Casa)

Figura 8 Opiniões dos inquiridos sobre a mudança do padrão de clima

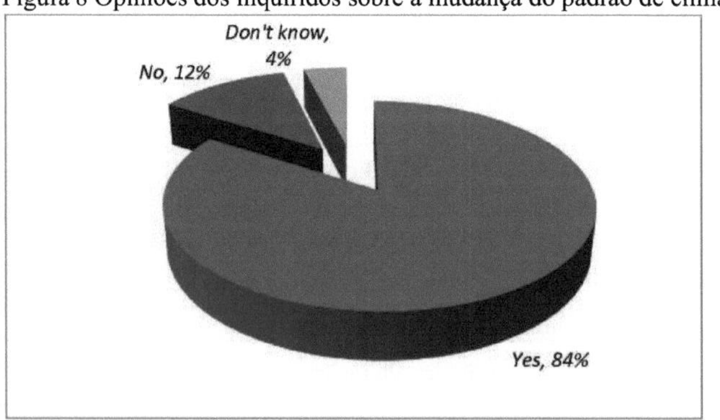

Pergunta 18: a) Pensa que o padrão do clima está a mudar?

Quando lhes foi pedido que identificassem o padrão de mudanças que estavam a observar, 63% dos inquiridos pensam que o padrão sazonal está a mudar, 21% identificam que o Verão está a ficar mais quente e que o Inverno está a ficar mais curto. 10% pensam que a temperatura média está a aumentar. A figura 4 apresenta os resultados gráficos dos inquiridos.

Figura 9 Observações dos inquiridos sobre as alterações do padrão de clima

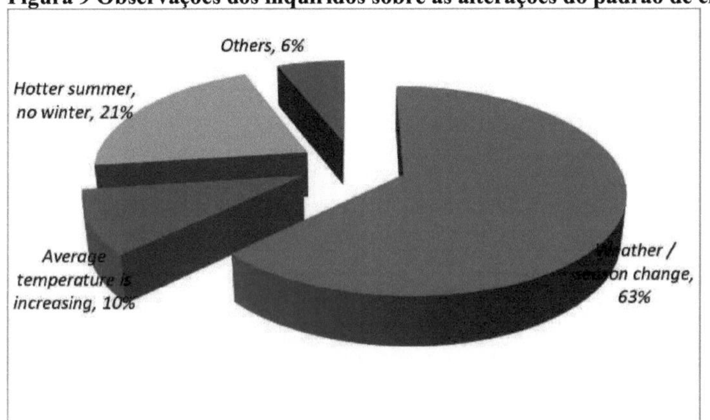

Pergunta 18: b) Que tipo de alterações climáticas está a observar?

Observa-se que o tempo é discutido mais em público do que o clima. Por vezes não conseguiam diferenciar entre o tempo e o clima.

5.5.2 Fontes secundárias de informação

Embora a maioria dos entrevistados estivesse ciente da mudança dos padrões climáticos como prova observada da mudança climática, houve variações em termos da sua exposição a fontes secundárias de informação e do grau em que se sentiram informados sobre a questão.

Os entrevistados mais informados tinham tomado conhecimento das alterações climáticas através de meios electrónicos ou impressos. A figura 9 mostra, a fonte de informação mais comum sobre as alterações climáticas. A maioria dos entrevistados tinha aprendido sobre as alterações climáticas com a televisão (78%) seguida da rádio (43%) e dos jornais (30%).

As fontes dos meios de comunicação social foram evidentemente a fonte de informação acessível mais comum sobre as alterações climáticas e parecem ser fáceis de compreender.

Figura 10 Fontes secundárias de informação sobre as alterações climáticas

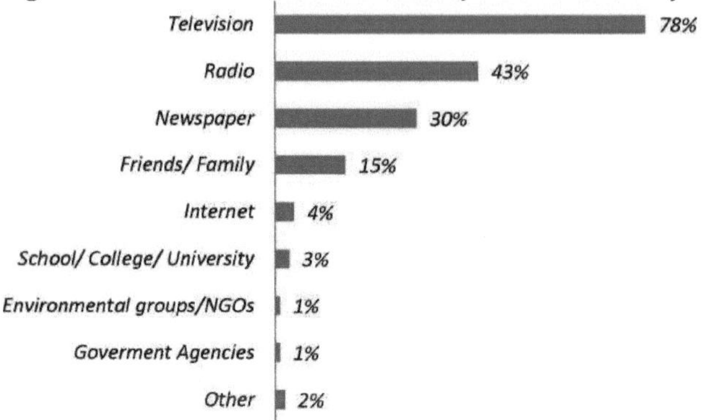

Pergunta 14: Onde já ouviu falar da mudança climática? Por favor, assinale todos os que achar que se aplicam

Ao mesmo tempo, sentiam-se subformados, preocupados com a indisponibilidade e complexidade da informação sobre as alterações climáticas. Em alguns casos, os entrevistados expressaram falta de confiança em cientistas, meios de comunicação e governo relativamente à sua informação, previsão sobre as alterações climáticas.

> "A previsão era que o Bangladesh perderia parte das suas terras até 2014 devido à subida do nível do mar. Agora estão a dizer que isso acontecerá até 2060. Não percebi como obtiveram esta informação. Poderia ter motivações políticas". (Homem, Empresário)

> "A civilização do Bangladesh tem centenas de anos de idade. Geralmente as pessoas são piedosas aqui. É impossível que Deus nos castigue severamente". (Macho, liberiano a trabalhar como funcionário público)

> "Governo, ONG" estão mais interessados em recolher fundos, realizando seminários em vez de reabilitação de pessoas afectadas por calamidades naturais". (Feminino, Dona de Casa)

Havia percepções diferentes sobre a atenção que os meios de comunicação social estavam a dar às alterações climáticas. Alguns argumentam "sempre que há uma inundação severa ou um ciclone, todos começam a falar sobre as alterações climáticas". Mas depois de alguns meses parece que todos se esquecem disso". A análise do quadrado indica que apenas 33% da população do grupo de baixos rendimentos tem acesso aos meios de comunicação, uma proporção muito mais elevada de homens (73%) em comparação com as mulheres que têm acesso aos meios de comunicação.

O inquérito investigou o grau de confiança na informação sobre alterações climáticas. No questionário do inquérito foi feita uma pergunta para identificar a fonte de informação mais fiável sobre as alterações climáticas. O quadro 5.9 explica em detalhe a fonte de informação mais fidedigna sobre as alterações climáticas. A maioria dos inquiridos confia na informação quando a ouvem de um cientista (65%) e do livro de texto da escola/universidade (60%). As outras fontes importantes são os meios de comunicação social (39%), agência governamental (26%), ONG (20%), amigos e família (17%). O quadro seguinte explica-o em pormenor.

Apesar de os meios de comunicação social serem a principal fonte de informação sobre as alterações climáticas, a informação dos meios de comunicação social inspira apenas uma quantidade moderada de confiança. Uma série de entrevistados sentiram a reportagem dos meios de comunicação social como assustadora, propaganda, alarmista, diferente da realidade real, deprimente.

> "Há centenas de jornais, poucas estações de TVMarket .... é muito competitivo. Por vezes, os meios de comunicação tentaram imaginar acontecimentos cem vezes piores do que são. Portanto, na minha opinião, diria que a reportagem dos media não reflectia a realidade real". (Homem, Empresário)

Quadro5.9: Confiança na fonte de informação sobre alterações climáticas

Fonte de informação	Confiar muito	Um pouco	Não muito muito	De modo algum
Amigos e Família	17	73	10	0
Agência governamental	26	37	31	6
Fornecedores de energia	10	28	50	12
ONG	20	52	10	17

Meios de comunicação	39	31	17	13
Cientista	65	12	5	17
Livro de texto	60	12	15	13
Os números estão em percentagem Fonte: Inquérito 2009				

5.6 Crenças sobre o combate às alterações climáticas

Quando os respondentes perguntaram se acreditavam poder fazer alguma coisa para combater as alterações climáticas (Pergunta 19), quase metade dos respondentes responderam afirmativamente, um número significativo de respondentes respondeu Não (17%) e Não sei (35%).

Figura 11 Será que os inquiridos pensam que se pode fazer alguma coisa para combater as alterações climáticas?

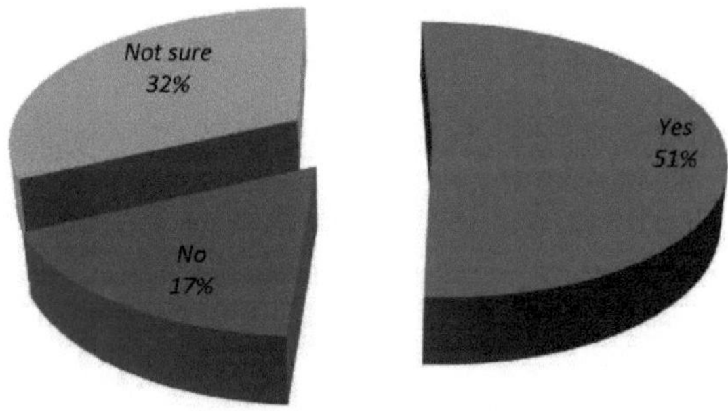

Pergunta 19: Acha que se pode fazer alguma coisa para combater as alterações climáticas?

A análise do qui-quadrado mostra que a proporção que se considera ser possível combater as alterações climáticas é significativamente mais elevada entre

- Respondentes que conhecem a definição científica das alterações climáticas (78%, estatisticamente significativo ao nível de 1%)

- Respondentes que são educados (66%, estatisticamente significativos a um por cento)
- Respondentes que têm experiência de vida em zonas costeiras ou propensas a inundações ambientalmente frágeis (71%, estatisticamente significativo ao nível de um por cento)
- Respondentes cuja idade é superior a 40 anos (61%, estatisticamente significativo ao nível de noventa e cinco)
- Respondentes que se sentem vítimas das alterações climáticas (61%, estatisticamente significativo ao nível de um por cento)

Quando foi pedido aos inquiridos que dessem as suas opiniões sobre o que pode ser feito para combater os efeitos adversos das alterações climáticas, as respostas que se seguem são algumas das

- Plantação de árvores, especialmente na zona costeira
- Construir mais abrigo para ciclones

- Parar a desflorestação
- Introdução de culturas de alto rendimento e ecologicamente sustentáveis

Os respondentes pedem então para escolher qual a organização ou grupo que deve assumir grandes responsabilidades para enfrentar as alterações climáticas (pergunta 21). O quadro seguinte demonstra que uma grande proporção dos respondentes acredita que as Organizações Internacionais e o Governo devem assumir grandes responsabilidades. Uma minoria de pessoas acredita, como indivíduo, que tem algumas responsabilidades.

Quadro5. 10: Quem é que os inquiridos sentem que tem as maiores responsabilidades no combate ao clima mudar?

Organização responsável	Respondentes (% da amostra)
Governo	30%
ONG	11%
Myself	4%
Organização Internacional	27%

Outros	2%
Não sei	23%

5.7 Alterações climáticas e responsabilidades para com as gerações futuras

Apesar da tendência generalizada para colocar a responsabilidade de combater as alterações climáticas junto do governo e das organizações internacionais, 75% dos inquiridos concordaram que têm responsabilidades pelo ambiente, e pelas gerações futuras. Têm também a intenção de se sacrificar pelo ambiente.

Figura 12 Os inquiridos sentem que têm responsabilidades para com as gerações futuras?

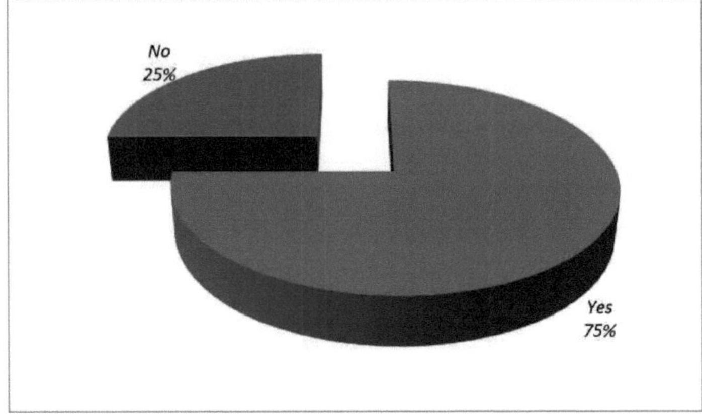

Pergunta 24: Acredita que temos a responsabilidade de zelar pelo interesse das nossas gerações futuras, mesmo que isso signifique piorar a nossa situação?

A análise do qui-quadrado mostra a proporção que está a ter uma atitude favorável ao ambiente

- Os homens estão a ter uma atitude ambiental positiva em comparação com as mulheres (57%, estatisticamente significativo ao nível 0,05)
- O grupo etário que se encontra entre 25-40 anos tem o grupo mais pró-ambiental (53%, estatisticamente significativo ao nível de noventa e cinco por cento) em comparação com o grupo de descanso
- Pessoas instruídas (80%, estatisticamente significativo a um por cento do nível)
- Pessoas que têm acesso aos meios de comunicação social (77%, estatisticamente

significativo ao nível de um por cento)

- Pessoas que pensam pessoalmente que são vítimas das alterações climáticas (94%, estatisticamente significativo ao nível de um por cento)
- O grupo de baixo rendimento tem uma atitude menos favorável ao ambiente (27%, estatisticamente significativo ao nível de um por cento) em comparação com os grupos de rendimento médio e alto

5.8 Modelos econométricos

Embora o teste do qui-quadrado identifique onde existe uma relação significativa entre duas variáveis, a análise de regressão examina a inter-relação entre grandes números de variáveis. Portanto, em alguns casos, a relação significativa identificada pela análise qui-quadrado não se encontra no modelo de regressão, e vice-versa.

5.8.1 Modelo de regressão para compreender a definição de alterações climáticas

A análise de regressão identifica que o acesso aos meios de comunicação e à educação tem influências significativas na compreensão da definição de alterações climáticas. O quadro seguinte mostra os resultados da análise de regressão em relação ao acesso aos meios de comunicação e à educação.

Quadro5.11: O conhecimento do inquirido sobre a definição científica das alterações climáticas depende da educação e do acesso aos meios de comunicação

Predictor	**Coeficiente**	**P-valor**	**Rácio ímpar**
Educação	2.55	0.001	13
Acesso aos Media	2.63	0.001	14

Aqueles que são educados e têm acesso aos meios de comunicação social têm mais probabilidades de conhecer melhor a definição de alterações climáticas, e o estranho rácio mostra que têm 13% e 14% mais probabilidades de conhecer a definição em comparação com o resto. O valor de P para ambas as variáveis é de 0,001, o que é estatisticamente significativo ao nível de 1% de significante.

5.8.2 Modelo de regressão sobre a sensibilização para as alterações climáticas

O modelo estatístico indica que a sensibilização dos inquiridos depende da localização, educação, acesso aos meios de comunicação e experiências pessoais. A partir dos resultados do Minitab podemos dizer a partir do valor p das variáveis que são estatisticamente significativas. Localização, educação, acesso aos meios de comunicação, experiências pessoais são significativas a 7%, 0,1%, 1%,2%. Da estranha razão podemos dizer que as pessoas que são educadas têm 50% mais probabilidades de estar conscientes em comparação com as pessoas não educadas. As pessoas que pensam que as alterações climáticas afectarão as pessoas com 9% mais probabilidade de estarem cientes desta questão do que as pessoas que pensam que não são afectadas pelas alterações climáticas. As pessoas que têm acesso a qualquer tipo de meios de comunicação social têm 7% mais probabilidades de estar cientes. As pessoas que vivem em zonas costeiras, zonas propensas a inundações, têm 4% mais probabilidades de estar cientes das alterações climáticas.

Quadro5.12: Sensibilização para as alterações climáticas

Predictor	Co-eficiente	P-valor	Razão ímpar
Localização	1.32	0.071	3.76
Educação	3.91	0.001	49.87
Acesso aos meios de comunicação	1.87	0.014	6.51
Pessoal Experiências	2.23	0.002	9.36
Fontes: Resultados da Análise de Regressão do Minitab			

5.8.3 Modelo de regressão da atitude pública face às alterações climáticas

A análise de regressão identifica a localização dos inquiridos, sexo, educação, acesso aos meios de comunicação, educação; as experiências pessoais têm influências significativas na determinação da atitude do inquirido em relação às alterações climáticas. Aqueles que têm experiências que vivem em zonas costeiras, zonas propensas a inundações, têm mais probabilidades de ter uma atitude positiva em relação às alterações climáticas. O valor de P para esta variável é <0,001, o que é estatisticamente significativo. A razão ímpar diz-nos que as pessoas que vivem na zona costeira têm 15% mais probabilidades de ter uma atitude positiva em relação à mudança climática. O coeficiente para o sexo é negativo, o que significa que as mulheres têm uma atitude mais positiva em relação ao ambiente do que os homens e o valor P (<0,001) mostra que é estatisticamente significativo. P- Valor para o resto das variáveis é educação 0,015, acesso aos meios de comunicação 0,003 e experiência pessoal 0,017 que são estatisticamente significativos.

Quadro5.13: Atitude do público face às alterações climáticas

Predictor	Co-eficiente	P-valor	Razão [illegible]
Localização	2.731	0.000	15.36
Sexo	-1.179	0.039	0.31
Educação	2.168	0.015	8.74
Acesso aos meios de comunicação	1.525	0.003	4.60
Pessoal Experiências	1.764	0.017	5.84
Fontes: Resultados da Análise de Regressão do Minitab			

5.9 Principais conclusões deste estudo

5.9.1 Compreensão pública das alterações climáticas

A análise de regressão mostrou que as pessoas que são educadas e as pessoas que têm acesso aos meios de comunicação têm mais probabilidades de conhecer a definição e a causa das alterações climáticas. 78% das pessoas ouviram falar das alterações climáticas pela televisão, seguidas de 43% pela rádio e 30% pelos jornais. Embora os meios de comunicação social sejam a fonte de informação em segunda mão mais comum sobre as alterações climáticas, no entanto, esta fonte de informação gera uma confiança moderada (apenas 39% dos inquiridos confiam muito nos meios de comunicação social). A maioria das fontes de informação de confiança são dos cientistas (65%), dos livros académicos (60%) e do governo (26%). Alguns grupos, incluindo homens, pessoas educadas, de rendimento médio e alto estão mais informados sobre as alterações climáticas do que outros. Quase metade dos que têm 24 ou menos anos de idade, pertencem a um grupo de baixo rendimento, não têm educação formal, as mulheres sabem pouco ou nada sobre as alterações climáticas. Estas conclusões indicam que há necessidade de uma abordagem inovadora para uma maior consciencialização sobre as alterações climáticas.

Menos de 5% dos inquiridos indicam os livros académicos como uma fonte sobre alterações climáticas, enquanto 60% dos inquiridos consideram os livros académicos como uma das fontes de informação mais fiáveis. O governo deveria considerar a inclusão da questão climática nos livros académicos e tomar a iniciativa de informar as pessoas sobre as alterações climáticas através das suas agências.

A maioria das pessoas sente que as alterações climáticas são uma questão bastante (51%) e muito (22%) importante para elas pessoalmente, embora em relação a outras preocupações ambientais e socioeconómicas as alterações climáticas não sejam uma questão altamente classificada. Problemas como pobreza, desemprego, inundações, excesso de população, inflação vem antes das alterações climáticas. Provavelmente, as pessoas estão muito mais preocupadas em resolver os problemas do dia-a-dia.

5.9.2 Sensibilização do público para as alterações climáticas

A análise de regressão indica que as pessoas que vivem na zona costeira ou numa zona ambientalmente frágil, são educadas, têm acesso aos meios de comunicação social, pensam pessoalmente que de alguma forma são vítimas das alterações climáticas estão significativamente conscientes da questão em comparação com outras. A maioria (84%) das pessoas pensa que é vítima das alterações climáticas. Segundo eles, os efeitos são o aumento da frequência das cheias e ciclones (29%), tempo extremamente quente (15%), perda de propriedade através da erosão dos rios (15%). Metade (51%) da população está optimista, pensa que algo pode ser feito para combater as alterações climáticas. Um terço (32%) da população não sabe "o que" pode ser feito para fazer face às alterações climáticas. De acordo com os inquiridos, alguma da solução local possível para minimizar o efeito adverso das alterações climáticas poderia ser

- Plantação de árvores, especialmente na zona costeira
- Construir mais abrigo para ciclones
- Parar a desflorestação
- Introdução de culturas de alto rendimento e ecologicamente sustentáveis

5.9.3 Intenção pública às alterações climáticas

75% dos inquiridos concordaram que têm certas responsabilidades em relação ao ambiente e às gerações futuras. A análise de regressão identifica a localização dos inquiridos, sexo, educação, acesso aos meios de comunicação, educação; as experiências pessoais têm influências significativas na determinação da atitude intencional do inquirido em relação às alterações climáticas. Apenas 4% dos inquiridos pensam que podem fazer tudo pessoalmente para combater as alterações climáticas. A maioria pensa que é o governo (30%) e as organizações internacionais (27%) devem desempenhar um papel importante no combate às alterações climáticas.

6. Conclusões e recomendações políticas

O estudo mostra que a sensibilização e preocupação do público em relação às alterações climáticas é elevada. As pessoas acreditam que a mudança climática é um problema grave; já está a prejudicar a população do país. No entanto, em comparação com outros problemas nacionais (economia, população, etc.), o público não classificou as alterações climáticas entre as suas principais preocupações.

A maioria das pessoas tem ideias erradas sobre os argumentos científicos das alterações climáticas e as formas eficazes de lidar com o problema. Muitas pessoas não têm a certeza de que a emissão de dióxido de carbono, causada pela queima de combustíveis fósseis, seja a causa das alterações climáticas causadas pelo homem. Algumas delas culpam a natureza, "castigo de Deus" como a razão da mudança climática.

A maioria percebe que haveria efeitos adversos largamente disseminados se o problema permanecesse incontrolado. A maioria das pessoas está disposta a apoiar o aumento do financiamento para a adaptação às alterações climáticas, quer que o governo e as organizações internacionais tomem as medidas necessárias para combater as alterações climáticas.

Apesar da tendência generalizada para colocar a responsabilidade de combater as alterações climáticas junto do governo e das organizações internacionais, um bom número dos inquiridos concordaram que têm responsabilidades pelo ambiente, e pelas gerações futuras. Manifestam vontade de fazer sacrifícios para lidar mais adequadamente com o problema das alterações climáticas, mas essa vontade pode ser contingente e limitada. Quase cinquenta por cento da economia prioritária dos inquiridos em relação ao ambiente e muitos deles preferem o emprego ao ambiente.

Os homens, as pessoas instruídas, com rendimentos médios e altos, aqueles que têm acesso aos meios de comunicação social, têm experiências pessoais ou familiares de problemas ambientais são mais susceptíveis de se preocuparem com o ambiente e as alterações climáticas. As pessoas mais instruídas são mais susceptíveis de tomar mais medidas pessoais e de apoiar políticas de combate às alterações climáticas. As pessoas que têm estado menos expostas à educação formal estão também menos informadas sobre questões ambientais. Os meios de comunicação electrónicos (rádio e televisão) estão a desempenhar um papel vital na informação da população em massa sobre as alterações climáticas. No entanto, a confiança do público como fonte de informação é muito elevada para os cientistas e em livros académicos do que para o governo e os meios de comunicação social.

Os resultados indicaram que há necessidade de abordagens inovadoras para melhor informar sobre as alterações climáticas, especialmente para as pessoas que estão menos informadas sobre a questão. As pessoas que confiam na informação sobre as alterações climáticas estão mais preocupadas com a questão. A confiança na fonte de informação é também um factor vital. Para além da campanha de informação dos meios de comunicação social e do governo, a informação sobre a mudança climática deve também incluir em livros académicos. Existe uma relação entre a observação das pessoas na mudança do padrão climático e a confiança na informação sobre as alterações climáticas. Isto indica que a comunicação será mais eficaz se estiver relacionada com crenças, valores e observações pessoais. Uma abordagem descentralizada e participativa na tomada de decisões poderia ser mais exequível e eficaz. A maioria das pessoas está disposta a agir, ao mesmo tempo, sem vontade de agir para fazer mudanças significativas no estilo de vida, devido a barreiras sociais e financeiras. Os resultados indicam que a resposta pública às alterações climáticas será mais eficaz se os esquemas políticos puderem demonstrar a eficácia das acções pessoais e resultar em benefícios locais. Os dados das entrevistas mostram que são preferidas acções ambientais que sejam financeiramente mais gratificantes, convenientes, requerem menos sacrifícios financeiros.

6.2 Limitações do presente estudo

Este estudo adoptou uma abordagem exploratória primária. Esta investigação baseia-se puramente em levantamentos de campo e dados de campo. A investigação não tenta provar qualquer teoria ou teorias particulares. Uma abordagem orientada pela teoria pode não ter conseguido explicar algumas das relações das variáveis, poderia ter as suas próprias limitações, mas seria facilitar e melhorar a confiança na interpretação dos resultados.

Os dados para este estudo foram recolhidos através de entrevista cara a cara. Por vezes, o comportamento real dos inquiridos não se reflecte neste método.

Existem alguns erros de amostragem. No inquérito, 59% são homens, mas a proporção masculina, feminina na área de estudo foi diferente, os seus 52% masculinos e 48% femininos.

6.3 Mais investigação

Esta tese centra-se principalmente em quatro áreas da cidade de Dhaka. Para mais investigação, devem ser recolhidos dados a nível nacional.

Ao recolher os dados para este estudo, não foi perguntado aos inquiridos se tinham filhos ou não. Como a mudança climática é um problema para a geração futura, pode ser interessante ver se se relaciona com o facto de serem pais.

Mais investigação deve tentar abordar a abordagem mais fundamentada em teoria.

A incerteza é uma característica importante da percepção pública sobre as alterações climáticas. Neste estudo, não foi feita qualquer análise para verificar a incerteza do público. A investigação futura deve incluir esta variável.

Referências

ALAM, M. & RABBANI, M. 2007. Vulnerabilidades e respostas às alterações climáticas para Dhaka. *Ambiente e Urbanização,* 19, 81.

BABUL, P. 2009. **Será que Copenhaga pode trazer "esperança" para o Bangladesh?** *The Daily Star,* 19 de Dezembro.

BALIUNAS, S. & EM BREVE, W. 2003. *Panic Attack'-interrogating our obsession with risk*, Conferência organizada pela Royal Institution of London, 9 de Maio Londres.

BANGLAPEDIA 2009. Dhaka City Corporation.

BBS 2008a. Livro de bolso estatístico do Bangladesh. *In:* PLANEJAMENTO, M. O. (ed.). Governo do Bangladeche.

BBS 2008b. Livro de ano estatístico do Bangladesh. *In:* PLANEJAMENTO, M. O. (ed.). Governo do Bangladeche.

BIBBINGS, J. 2004. Preocupação Climática: Atitudes face às alterações climáticas e aos parques eólicos no País de Gales. Conselho de consumidores galês.

BORD, R., FISHER, A. & O'CONNOR, R. 1998. Percepções do público sobre o aquecimento global: Estados Unidos e perspectivas internacionais. *Climate Research,* 11, 75-84.

CHRISTIE, I. & JARVIS, L. 2001. Quão verdes são os nossos valores? *ATITUDES SOCIAIS BRITÂNICAS,* 131-158.

DCC. 2010. *Sobre a Dhaka City Corporation* [Online]. Corporação da Cidade de Dhaka. [Acesso em 2010].

DUNLAP, R. & JONES, R. 2003. Atitudes e valores ambientais. *Encyclopedia of psychological assessment,* 1, 364-369.

GUBA, E. & LINCOLN, Y. 2005. Controvérsias paradigmáticas, contradições e confluências emergentes. *The Sage handbook of qualitative research (3ª ed., pp. 191-216). Thousand Oaks, CA: Sage.*

HANNIGAN, J. 1995. *Sociologia ambiental: Uma perspectiva sócio-construcionista,* Burns & Oates.

HANSEN, J., SATO, M., LACIS, A., RUEDY, R., TEGEN, I. & MATTHEWS, E. 1998. Forcings climáticos na era industrial. *Actas da Academia Nacional das Ciências,* 95, 12753.

HARMELING, S. 2009. Índice global de risco climático 2010. Germanwatch.

HASAN, S. & MULAMOOTTIL, G. 1994. Problemas ambientais da cidade de Dhaka:: Um estudo sobre a má gestão. *Cidades,* 11, 195-200.

HOSSAIN, F. 2008. Climate change:How the media can play a more pro-active role *Dhaka Courier*, 21 de Novembro.

ISLAM, N. 2000. Proteger o ambiente do Bangladesh: o papel da sociedade civil. *JOURNAL OF SOCIAL STUDIES-DHAKA-,* 34-63.

ISLAM, T. & MOHAMMAD, A. 2009. Conferência de Copenhaga: As Alterações Climáticas no Bangladesh e a Nossa Expectativa. *A Nova Nação,* 19 de Dezembro.

JOHNSON, R. & ONWUEGBUZIE, A. 2004. Investigação de métodos mistos: Um paradigma de investigação cujo tempo chegou. *Investigador pedagógico,* 33, 14-26.

KIM, S. Y. 2009. **Opinião Pública Asiática sobre as Alterações Climáticas e as suas Implicações para as Políticas de Alterações Climáticas**

Política Ambiental: uma Conferência Multinacional sobre Análise Política e Métodos de Ensino KDI School of Public Policy and Management, 11-13 de Junho de 2009, Seul, Coreia do Sul

LINCOLN, Y. & GUBA, E. 1985. Inquérito naturalista. Beverly Hills. Ca: Sábio.

LINDZEN, R. S. 1997. **Declaração sobre o Aquecimento Global**
Apresentado à Comissão do Ambiente e Obras Públicas do Senado, 10 de Junho

MALONEY, M. & WARD, M. 1973. Ecologia: Ouçamos as pessoas: uma escala objectiva para a medição de atitudes e conhecimentos ecológicos. *American Psychologist,* 28, 583-586.

MAXCY, S. 2003. Fios pragmáticos na investigação de métodos mistos nas ciências sociais: A busca de múltiplos modos de investigação e o fim da filosofia do formalismo. *Manual de métodos mistos na investigação social e comportamental,* 5189.

MAZUR, A. & LEE, J. 1993. Soar o alarme global: questões ambientais nas notícias nacionais dos EUA. *Social Studies of Science,* 23, 681-720.

MOEF 2008. ESTRATÉGIA E PLANO DE ACÇÃO PARA AS ALTERAÇÕES CLIMÁTICAS DO BANGLADESH 2008. Ministério do Ambiente e Florestas, Governo do Bangladesh.

PATCHEN, M. 2006. Atitudes e comportamentos do público sobre as alterações climáticas: o que os molda e como influenciá-los. *East Lafayette, Indiana, Universidade de Purdue.*

PENDER, J. 2008. *O que é a Mudança Climática? E como irá afectar o Bangladesh,* programa de desenvolvimento social da Igreja do Bangladesh.

PHILLIPS, M. 2004. A fraude do aquecimento global. *O correio diário.*

RAHMAN, T. 2009. Bangladesh: Instando o Governo a Promover uma Maior Sensibilização Pública para as Alterações Climáticas para as Comunidades Vulneráveis. *In:* WWW.ARTICLE19.ORG (ed.). Artigo19.

ROBSON, C. 2002. *Investigação do mundo real: Um recurso para os cientistas sociais e praticantes-pesquisadores,* Wiley-Blackwell.

RYAN, T. 2009. *Métodos modernos de regressão,* Wiley-Interscience.

IDIOTA, H. 2000. " Um Acto de Alá": Explicações Religiosas para as Inundações em Bangladesh como Estratégia de Sobrevivência. *International Journal of Mass Emergencies and Disasters,* 18, 85-96.

UDWALA, T. 2007. O papel dos meios de comunicação social sobre as alterações climáticas é sublinhado. *The financial express,* 31 de Maio.

WALTHER, G., POST, E., CONVEY, P., MENZEL, A., PARMESAN, C., BEEBEE, T., FROMENTIN, J., HOEGH-GULDBERG, O. & BAIRLEIN, F. 2002. Respostas ecológicas às recentes alterações climáticas. *Nature,* 416, 389-395.

WB, T. W. B. 2009. Atitudes do público face às alterações climáticas: resultados de uma sondagem multipaíses.

WEIGEL, R. 1983. As atitudes ambientais e a previsão do comportamento. *Psicologia ambiental: Sentidos e perspectivas*, 257-287.

WEINGART, P., ENGELS, A. & PANSEGRAU, P. 2000. Riscos da comunicação: discursos sobre as alterações climáticas na ciência, na política e nos meios de comunicação social. *Public Understanding of Science,* 9, 261.

WHITMARSH, L. 2005. *Um estudo de compreensão e resposta do público às alterações climáticas no Sul de Inglaterra.* Universidade de Bath.

Apêndices

Apêndice 4.1 Carta de Apresentação do Inquérito

(papel timbrado da Universidade Norueguesa de Ciências da Vida)

Janeiro de 2009

De,

Zaheed Hasan

Casa # 2, Estrada # 2, Nikaten, Gulshan- 1, Dhaka, Bangladesh.

Telefone 0171 511 7922: Email: zaheedhasan@yahoo.com

Assunto: Levantamento das alterações climáticas

Caro Senhor/ Senhora,

Estou actualmente a trabalhar num projecto de investigação sobre a preocupação pública com as alterações climáticas que é parcialmente financiado pela Universidade Norueguesa de Ciências da Vida, As, Noruega. A maior parte da investigação está a ser realizada em diferentes áreas da corporação da cidade de Dhaka. Foi seleccionada de forma aleatória. A sua ajuda e assistência no preenchimento do questionário será inestimável para o estudo.

Se concordar em participar, todas as informações que fornecer serão completamente anónimas e confidenciais. No final do projecto, as principais conclusões serão mantidas com a Universidade Norueguesa de Ciências da Vida, Noruega. Este inquérito proporcionará uma visão valiosa sobre o que as pessoas como você sentem sobre certas questões ambientais, especialmente as alterações climáticas.

Se tiver mais alguma dúvida e preocupação sobre o inquérito, não hesite em contactar-me para o endereço acima.

Muito obrigado pela vossa amável cooperação.

Com os melhores cumprimentos,

Zaheed Hasan

Apêndice 4.2 Formulário de consentimento para os entrevistados

Introdução: Obrigado por ter dado o seu tempo para ser entrevistado. Isto pode demorar cerca de uma hora e não tem de responder a todas as perguntas se não o desejar.

Área da investigação: Sensibilização do público para as alterações climáticas

Finalidade da investigação: Esta investigação faz parte do meu mestrado da Universidade Norueguesa de Ciências da Vida, Noruega.
A investigação visa investigar a sensibilização e resposta do público aos problemas ambientais, em particular às alterações climáticas.

Investigador: Zaheed Hasan

Nota: A sua participação nesta investigação é confidencial e o seu nome não será utilizado em ligação com os resultados da investigação.
Sinta-se à vontade para fazer quaisquer perguntas que possa ter sobre a entrevista e sobre a investigação. Se desejar contactar-me após a entrevista, pode ligar-me para o 0171 511 7922, e-mail:
zaheedhasan@yahoo.com

Assinatura:...

Nome: ....

Data: ....

Número de telefone:...

Apêndice 4.3 Questionário de inquérito

Questionário de inquérito

Secção 1: Sobre si

Pergunta 1: É você

a. Homem
b. Feminino
c. Prefiro não dizer

Pergunta 2: Vive actualmente ou em qualquer momento da sua vida numa zona costeira?

a. Sim
b. Não

Pergunta 3: Por favor assinale o grupo etário em que se encontra

a. 16-24
b. 25-40
c. 41 e acima

Pergunta 4: Qual é o seu nível de educação mais elevado?

a. Nenhuma educação formal
b. Escola Primária
c. Escola Secundária
d. Grau ou equivalente
e. Pós-graduado
f. Por favor especifique se outros.................................

Pergunta 5: Qual é a sua profissão?

a. Empresas
b. Serviço
c. Trabalhador independente
d. Trabalhador assalariado
e. Agricultura
f. Estudante
g. Dona de casa
h. Desempregado
i. Outros

Pergunta 6: Qual é o rendimento da sua família?

a. Menos de 10.000
b. 10.000 a 20.000
c. Mais de 20.000

Pergunta 7: Tem uma televisão/rádio, acesso à Internet e/ou lê o jornal regularmente?

a. Sim
b. Não

Secção 2: Preocupação ambiental geral

Pergunta 8: Considere as seguintes questões, assinale as três questões mais importantes que o Bangladesh enfrenta actualmente?

a. Pobreza	j. Inundação
b. Agricultura (Indisponibilidade e preço dos insumos agrícolas, Falha das culturas)	k. Inflação (Tendência de subida de preços)
c. Sobre a população	l. Tráfego/ congestionamento
d. Falta de instalações educativas	m. Instabilidade política
e. Desemprego	n. Má Governação
f Poluição atmosférica	o. Desigualdade de rendimentos
g. Poluição da água	p. Corrupção
h. Alterações Climáticas	q. Segurança social
i. Ciclone	r. Terrorismo

Pergunta 9: Considere os seguintes problemas ambientais; assinale por favor um problema mais importante de acordo consigo.

a. Alterações climáticas	e. Poluição da água
b. Poluição atmosférica	f. Resíduos tóxicos
c. Doenças	g. Extinção das espécies
d. Desflorestação	h. Destruição do ecossistema

Pergunta 10: Muitas questões ambientais envolvem compromissos difíceis com a economia. Qual das seguintes declarações descreve o seu ponto de vista?

1. Deve ser dada a máxima prioridade à protecção do ambiente, mesmo que isso prejudique a economia
2. Deve ser dada a mais alta prioridade à economia, mesmo que isso prejudique o ambiente
3. Tanto o ambiente como a economia são importantes, mas o ambiente deve vir depressa
4. Tanto o ambiente como a economia são importantes, mas a economia deve vir depressa

Pergunta 11: Queira indicar o quanto concorda e discorda com o seguinte declarações

Declarações	**Concorda Fortemente**	**Concorda**	**Não concordar nem discordar**	**Discordar**	**Discorda fortemente**
A. O trabalho hoje em dia é mais importante do que proteger o ambiente					
B. Estou disposto a fazer alguns sacrifícios pessoais em nome do ambiente					
C. A natureza é suficientemente forte para reanimar e voltar à sua fase normal					
D. O equilíbrio da natureza é muito delicado e pode facilmente desestabilizar					

Secção 3 Questão das alterações climáticas

Pergunta 12 a: Conhece a definição científica de alterações climáticas?

a. Sim
b. Não
c. Não claro

Pergunta 12 b: Por favor, defina ....

Pergunta 13: De acordo com a sua compreensão das alterações climáticas, qual das seguintes declarações se aproxima mais da sua opinião?

1. As alterações climáticas foram estabelecidas como um problema grave e é necessária uma acção imediata
2. Existem provas suficientes de que as alterações climáticas estão a ter lugar e algumas acções devem ser empreendidas
3. Não sabemos sobre as alterações climáticas e é necessária mais investigação antes de tomarmos qualquer medida
4. A preocupação com as alterações climáticas é injustificada

Pergunta 14: Onde já ouviu falar da mudança climática? Por favor, assinale todos os que achar que se aplicam

1. Rádio,
2. Televisão,
3. Jornais,
4. Internet
5. Escola / Colégio / Universidade
6. Grupos ambientais/ ONG
7. Agências governamentais
8. Amigos/ familiares
9. Outros, por favor especificar ....

Pergunta 15: Por favor, indique em que medida confiaria a informação sobre as alterações climáticas se a ouvisse de

Fonte de informação	**Muito**	**Um pouco**	**Não muito**	**Não em**	**Não pode**
			muito	**todos**	**escolha**
Um membro da família ou um amigo					
O Governo					
O fornecedor de energia					
ONG					

Os meios de comunicação social					
O cientista					

Pergunta 16: Qual a importância da questão das alterações climáticas para si pessoalmente?

1. Muito importante3 . Não muito importante
2. Muito importante4 . Não é nada importante

Pergunta 17: a) Pensa que já é vítima das alterações climáticas?

5. Sim
6. Não
7. Não sei

b) Como, por favor especifique ....

Pergunta 18: a) Pensa que o padrão do clima está a mudar?

1. Sim
2. Não
3. Não sei

b) Que tipo de mudanças está a observar

a. Inverno O tempo / mudança de estação . Verão mais quente, sem

b. A temperatura aumentou. Outros

Pergunta 19: Acha que se pode fazer alguma coisa para combater as alterações climáticas?

a. Sim
b. Não
c. Não tenho a certeza

Pergunta 20: Se "sim", o que pensa que pode ser feito para combater as alterações climáticas?

Pergunta 21: Quem pensa que é a principal responsabilidade para combater as alterações climáticas?

Por favor, seleccione o mais importante de acordo consigo

1. Governo do Bangladesh3 . Indivíduos
2. ONG4 . Organizações Internacionais

Pergunta 22: Como pensa que o governo do Bangladesh irá provavelmente responder ao problema das alterações climáticas?

1. Acredito que o governo levará o assunto a sério e encontrará uma solução para o problema
2. Acredito que o Governo do Bangladesh não fará nada a esse respeito

Pergunta 23: Quais são os impactos das alterações climáticas no Bangladesh? Assinale os 3 (três) mais importantes, de acordo consigo.

1. Mudanças/ clima extremo
2. Inundações
3. Ciclone
4. Subida do nível do mar / perda de terra
5. Impacto na vida selvagem
6. Saúde humana
7. Seca/ falta de água
8. Aumento de temperatura
9. Migração de pessoas
10. Não sei

Pergunta 24: Acredita que temos a responsabilidade de zelar pelo interesse das nossas gerações futuras, mesmo que isso signifique piorar a nossa situação?

1. Sim
2. Não

Se tiver algo a acrescentar sobre este assunto ou este questionário, por favor comente

...

Obrigado por ter dado o seu tempo para responder a este questionário. Isto é muito apreciado.

Apêndice 5: Resultados da análise qui-quadrado

Linhas: Def SciCColunas : Edu

	0	1	Todos
0	52	97	149
	100.00	80.83	8 6.63
1	0	23	23
	0.00	19.17	13.37
Todos	52	120	172
	100.00	100.00	100.00

Linhas: Sci def CC Colunas: Acesso aos meios de comunicação

	0	1	Tod
0	52	97	149
	100.00	80.83	8 6.63
1	0	23	23
	0.00	19.17	13.37
Todos	52	120	172
	100.00	100.00	100.0

Linhas: Def SciCColunas : Idade40

	0	1	Todos
0	78	71	149
	8 6.67	86.59	8 6.63
1	12	11	23
	13.33	13.41	13.37
Todos	90	82	172
	100.00	100.00	100.00

Printed by Books on Demand GmbH, Norderstedt / Germany